LPI Linux
エッセンシャル試験
対応

しっかりわかる
Linux
入門

■TSE 株式会社ティエスイー
海堂正裕 平井達也 上村斎文 鬼頭ろか 著
Linux Professional Institute（LPI）監修

秀和システム

はじめに

　「Linuxってなんだろう？」と本書を手に取ったあなた。この瞬間から、あなたはエンジニアとしてのスタートラインに立っています。本書を手に取った時から、私たちの時間は始まっているのです。

　あなたは、これからLinuxを勉強し、資格の取得や仕事での利用などを考えていると思います。私たちは、そんなあなたと一緒に勉強したくて、本書を書きました。

　私たちは普段、医療や金融、物流、公共事業などの分野でシステムの構築をしていますが、初めはLinuxの初心者でした。当時は、どのように勉強したら身に付くか、実践で役に立つのかを考えていましたが、これらの多くの実務経験から、ある答えを手に入れました。

　それは、たった2つのことでした。

・システムを作るという点から考えて、OSを理解すること。
・知識を身につけるときは、実機を操作して身につけること。

　これを意識して勉強するだけで、格段に力が付きます。

　本書では、なるべくシステムを構築する順番で説明し、その際に操作するコマンドなどを実務で利用する形で紹介していきます。

　このような方法で勉強すれば、資格取得の勉強になり、実務でも役立つ知識を身に付けることができます。もし、タイムマシーンがあれば、きっと昔の私たちに本書のやり方を教えることでしょう。

　これからLinuxを勉強するあなたに、私たちの知識や経験をお伝えし、少しでもお役に立つことができれば、どんなに嬉しいことでしょうか。
　成長したあなたと、IT業界でお会いできる日を楽しみにしています。

著者記す

目　次

1　Linuxとは【知識】 23

目

次

6 ディレクトリとファイルの操作【実践】 127

7 テキストエディタの操作【実践】 151

8 サーバーの仕組み【知識】 165

9 サーバーの管理【実践】 185

Linuxエッセンシャルの概要

◉Linuxエッセンシャルとは

　Linuxエッセンシャル (Linux Essentials) は、Linuxとオープンソースの知識を問うためにLPI (Linux Professional Institute) が設置した、主に初心者を対象にした認定資格です。認定を受けるためには、以下の条件を満たしている必要があります。

- ・ Linuxおよびオープンソース業界と、基礎的なオープンソースアプリケーションの知識を理解していること。
- ・ Linuxオペレーティングシステムの主要コンポーネントを理解し、Linuxのコマンドラインで作業するための技術的な知識を持っていること。
- ・ ユーザーやグループの管理、コマンドラインの操作、アクセス許可など、セキュリティと管理に関連するトピックについての基本的な知識があること。

　日本では、2018年から試験が開始され、受験に必要な資格や実務経験はなく、誰でも受験可能です。試験 (試験コード 010-160) は全部で40問あり、60分以内に完了する必要があります。なお、一度、認定を受けると、有効期限は永久になります。

■ Linux Essentials公式サイト

https://www.lpi.org/ja/our-certifications/linux-essentials-overview

◉受験の流れ

　本書執筆時 (2023年3月) における受験の流れは、以下の通りです。

1 LPIアカウントIDを取得する

① LPI公式サイト (https://www.lpi.org/ja/) にアクセスし、画面上部にある「LPI ID を取得する」をクリックする。

② 登録ページが表示されるので、姓名や住所などの個人情報を入力して [登録] ボタ

ンをクリックする。

③LPI IDが発行され、さらに希望言語としてJapanese (日本語) を選択し、[個人設定を保存]ボタンをクリックすると、登録が完了する。

2 ピアソンVUEアカウントを登録する

①試験予約はピアソンVUEで行うため、ピアソンVUEのWebサイト (https://www.pearsonvue.co.jp/) にアクセスする。

②画面の左上にある「登録・試験の予約」をクリックし、プルダウンリストから「受験者ホーム」を選択する。

③表示された画面の中央にある「試験プログラムの選択」という検索欄に「LPI」と入力する。

④試験プログラムがリスト表示されるので、その中から「LPI | Linux Professional Institute」を選択する。

⑤「LPI | Linux Professional Institute認定試験」のWebサイトが表示されるので、LPIロゴの下にある「アカウントの作成」ボタンをクリックする。

⑥「プライバシーポリシーの同意」というダイアログが表示される。内容を読みながら下にスクロールし、「上記の条項を読み、同意します」チェックボックスにチェックを入れ、「同意します」ボタンをクリックする。

⑦個人情報を登録する画面でLPI IDや名前、パスワード、秘密の質問などを入力すると、ピアソンVUEのアカウントを取得できる。

3 試験予約をする

①ピアソンVUEの試験予約サイト (https://www.pearsonvue.co.jp/Clients/LPI.aspx) にログインする。

②ダッシュボードが表示されるので、画面左にある「試験の表示」をクリックする。

③受験可能な試験が表示されるので、受験したい試験名をクリックする。

④受験ポリシーに同意した後、続いて試験言語、試験会場 (テストセンター)、試験日程を選択する。

⑤予約内容が表示されたら、試験名、試験言語、試験日時、試験会場、試験料金などを確認する。

⑥カード決済で受験費用を支払うと、試験予約が完了する。

4 受験する

①試験日になったら試験会場に移動し、係員の指示に従って受験する。

②試験終了後、おおむね当日の夜にLPIから試験結果が通知される。

試験科目と範囲

　試験科目の範囲は、下記の通りとなります。なお、各項目には、重み付けの値が割り当てられています。重みは、試験における各目標の相対的な重要性を示し、総重量が大きい目標は、より多くの問題で取り上げられます。

課題 1　Linuxのコミュニティとオープンソースのキャリア

1.1　Linuxの革命と人気のオペレーティングシステム（総重量：2）

■説明：

Linuxの開発と主なディストリビューションの知識。

■主な知識分野：

・ディストリビューション
・組込みシステム
・クラウドでのLinux

■用語とユーティリティ：

・Debian、Ubuntu (LTS)
・CentOS、openSUSE、Red Hat、SUSE
・Linux Mint、Scientific Linux
・Raspberry Pi、Raspbian
・Android

1.2　主なオープンソースのアプリケーション（総重量：2）

■説明：

主要なアプリケーションの利用方法や開発の知識。

■主な知識分野：

・デスクトップアプリケーション
・サーバアプリケーション
・開発用言語
・パッケージ管理ツールとリポジトリ

■**用語とユーティリティ：**
- OpenOffice.org、LibreOffice、Thunderbird、Firefox、GIMP
- Nextcloud、ownCloud
- Apache HTTPD、NGINX、MariaDB、MySQL、NFS、Samba
- C、Java、JavaScript、Perl、shell、Python、PHP
- dpkg、apt-get、rpm、yum

1.3 オープンソースソフトウエアとライセンス（総重量：1）

■**説明：**
オープンコミュニティとライセンス、ビジネスのためのオープンソースソフトウエア。

■**主な知識分野：**
- オープンソースの哲学
- オープンソースのライセンス
- フリーソフトウエア財団(FSF)と、オープンソースイニシアティブ(OSI)

■**用語とユーティリティ：**
- コピーレフト、パーミッシブ
- GPL、BSD、クリエイティブ・コモンズ
- フリーソフトウエア、オープンソースソフトウエア、FOSS、FLOSS
- オープンソースビジネスモデル

1.4 ICTスキルとLinuxでの作業（総重量：2）

■**説明：**
基本的な情報通信技術(ICT)スキルとLinuxでの作業。

■**主な知識分野：**
- デスクトップ操作のスキル
- コマンドラインの理解
- 産業界でのLinux、クラウドコンピューティング、仮想化の利用

■**用語とユーティリティ：**
- ブラウザを利用し、プライバシー関心事、設定のオプション、Webでの検索、コンテンツの保存を行うことができる
- ターミナルとコンソール
- パスワードの関連事項
- プライバシー関連とツール
- プレゼンテーションとプロジェクトでの、共通のオープンソースアプリケーションの利用

課題 2　Linuxシステムで自分の手法を見つける

2.1　コマンドラインの基本（総重量：3）

■説明：

Linuxのコマンドライン利用の基本。

■主な知識分野：

・シェルの基本
・コマンドラインの文法
・変数
・引用

■用語とユーティリティ：

・Bash
・echo
・history
・環境変数 PATH
・export
・type

2.2　コマンドラインのヘルプ機能の利用（総重量：2）

■説明：

ヘルプのコマンドを実行し、様々なヘルプシステムをナビゲーションします。

■主な知識分野：

・Manページ
・Infoページ

■用語とユーティリティ：

・man
・info
・/usr/share/doc/
・locate

2.3　ディレクトリの利用とファイルの一覧（総重量：2）

■説明：

ホームディレクトリとシステムディレクトリのナビゲーションと、様々な場所のファ

イルの一覧。

■主な知識分野：

・ファイルとディレクトリ
・隠しファイルとディレクトリ
・ホームディレクトリ
・絶対パスと相対パス

■用語とユーティリティ：

・lsの共通オプション
・再帰的な一覧表示
・cd
・. と ..
・home ディレクトリと ~

2.4 ファイルの作成、移動と削除（総重量：2）

■説明：

ホームディレクトリ下での、ファイルとディレクトリの作成、移動、削除。

■主な知識分野：

・ファイルとディレクトリ
・大文字と小文字の区別
・簡単な globbig（ワイルドカードでの指定など）

■用語とユーティリティ：

・mv、cp、rm、touch
・mkdir、rmdir

課題 3 コマンドラインの力

3.1 コマンドラインでのファイル圧縮（総重量：2）

■説明：

ユーザのホームディレクトリで、ファイルを圧縮する。

■主な知識分野：

・ファイルとディレクトリ
・アーカイブ、圧縮

・tar
・tarの共通オプション
・gzip、bzip2、xz
・zip、unzip

3.2 ファイルの検索と展開（総重量：3）

■説明：

ホームディレクトリのファイルを検索したり展開できる。

■主な知識分野：

・コマンドラインのパイプ
・I/Oのリダイレクト
・.、[ ]、*、?を利用した基本的な正規表現

■用語とユーティリティ：

・grep
・less
・cat、head、tail
・sort
・cut
・wc

3.3 コマンドをスクリプトにする（総重量：4）

■説明：

コマンドの繰り返しを単純なスクリプトにする。

■主な知識分野：

・シェルスクリプトの基本
・一般的なテキストエディタ(vi、nano)の知識

■用語とユーティリティ：

・#!について
・/bin/bash
・変数
・引数
・forループ
・echo
・Exitステータス

課題 4 Linux オペレーティングシステム

4.1 オペレーティングシステムの選択（総重量：1）

■説明：

主要なオペレーティングシステムとLinuxディストリビューションの知識。

■主な知識分野：

・Windows、OS X とLinuxの違い
・ディストリビューションのライフサイクル管理

■用語とユーティリティ：

・GUI vs コマンドライン、デスクトップ設定
・メンテナンスサイクル、ベータとステーブル（安定板）

4.2 コンピュータハードウエアの理解（総重量：2）

■説明：

デスクトップとサーバコンピュータを構成するコンポーネントについて詳しくなる。

■主な知識分野：

・ハードウエア

■用語とユーティリティ：

・マザーボード、プロセッサ、電源、光学ドライブ、周辺機器
・ハードドライブ、SSD、パーティションと /dev/sd*
・ドライバ

4.3 データの保管場所（総重量：3）

■説明：

Linuxシステムに存在している様々な情報について。

■主な知識分野：

・プログラムと設定
・プロセス
・メモリアドレス
・システムメッセージ
・ロギング

■用語とユーティリティ：

・ps、top、free
・syslog、dmesg
・/etc/、/var/log/
・/boot/、/proc/、/dev/、/sys/

4.4 ネットワーク上のコンピュータ（総重量：2）

■説明：

重要なネットワークの設定やLAN上のコンピュータに対する基本的な要求の問い合わせを行います。

■主な知識分野：

・インターネット、ネットワーク、ルーター
・DNSクライアント設定の問い合わせ
・ネットワーク設定の問い合わせ

■用語とユーティリティ：

・route、ip route show
・ifconfig、ip addr show
・netstat、ss
・/etc/resolv.conf、/etc/hosts
・IPv4、IPv6
・ping
・host

課題 5 セキュリティとファイルパーミッション

5.1 セキュリティの基本と、ユーザタイプの確認（総重量：2）

■説明：

Linuxシステムのユーザの様々な種類。

■主な知識分野：

・rootと一般ユーザ
・システムユーザ

■用語とユーティリティ：

・/etc/passwd、/etc/shadow、/etc/group
・id、last、who、w

・sudo、su

5.2 ユーザとグループの作成（総重量：2）

■説明：
Linuxシステムでユーザとグループを作成する。

■主な知識分野：
・ユーザとグループのコマンド
・ユーザID

■用語とユーティリティ：
・/etc/passwd、/etc/shadow、/etc/group、/etc/skel/
・useradd、groupadd
・passwd

5.3 ファイルのパーミッションと所有権の管理（総重量：2）

■説明：
ファイルのパーミッションと所有権の設定の、理解と操作。

■主な知識分野：
・ファイルとディレクトリのパーミッションと所有権

■用語とユーティリティ：
・ls -l、ls -a
・chmod、chown

5.4 特別なディレクトリとファイル（総重量：1）

■説明：
特別なパーミッションを含むLinuxシステムの特別のディレクトリとファイル。

■主な知識分野：
・テンプラリファイルとディレクトリの使用
・シンボリックリンク

■用語とユーティリティ：
・/tmp/、/var/tmp/ とスティッキービット
・ls -d
・ln -s

試験科目と本書での解説

前述した試験科目の範囲と、それに対応した本書での解説は、次の表のように
なります。

試験範囲	本書での解説
課題1：Linuxのコミュニティとオープンソースのキャリア	
1.1 Linuxの革命と人気のオペレーティングシステム	
・ディストリビューション	1-4節　カーネルとディストリビューション
・組込みシステム	1-1節　OS
・クラウドでのLinux	8-1節　オンプレミスとクラウド
1.2 主なオープンソースのアプリケーション	
・デスクトップアプリケーション	1-5節　Linux上で実行できるOSS
・サーバアプリケーション	8-2節　サーバーの用途
・開発用言語	1-5節　Linux上で実行できるOSS
・パッケージ管理ツールとリポジトリ	4-3節　パッケージの管理
1.3 オープンソースソフトウエアとライセンス	
・オープンソースの哲学	1-3節　ソフトウェアライセンス
・オープンソースのライセンス	1-3節　ソフトウェアライセンス
・フリーソフトウエア財団（FSF）と、オープンソースイニシアティブ（OSI）	1-3節　ソフトウェアライセンス
1.4 ICTスキルとLinuxでの作業	
・デスクトップ操作のスキル	1-3節　UI
・コマンドラインの理解	10-1節　シェルの役割
・産業界でのLinux、クラウドコンピューティング、仮想化の利用	8-1節　オンプレミスとクラウド
課題2：Linuxシステムで自分の手法を見つける	
2.1 コマンドラインの基本	
・シェルの基本	10-1節　シェルの役割
・コマンドラインの文法	10-1節　シェルの役割
・変数	10-2節　変数
・引用	10-2節　変数
2.2 コマンドラインのヘルプ機能の利用	
・Manページ	10-1節　シェルの役割
・Infoページ	10-1節　シェルの役割
2.3 ディレクトリの利用とファイルの一覧	
・ファイルとディレクトリ	5-2節　ディレクトリ 6-1節　ディレクトリとファイルの操作
・隠しファイルとディレクトリ	6-1節　ディレクトリとファイルの操作
・ホームディレクトリ	5-2節　ディレクトリ 6-1節　ディレクトリとファイルの操作
・絶対パスと相対パス	6-1節　ディレクトリとファイルの操作
2.4 ファイルの作成、移動と削除	
・ファイルとディレクトリ	6-1節　ディレクトリとファイルの操作

練習問題について

　1章〜11章の章末には、内容を確認するための練習問題を設けています。この練習問題は、株式会社Ping-tが運営するWebサイト「Ping-t」のご協力のもと、「Linux Essentials コンテンツ 最強WEB問題集 Linux Essentials(Ver 1.6)」から出題したものです。

　また、各問題には問題IDが付記されていますが、Ping-tの演習画面で問題IDを検索することで、問題についての解説を読むことができます。

　なお、「Linux Essentials コンテンツ 最強WEB問題集 Linux Essentials(Ver 1.6)」の利用は基本的に無料です（2023年3月時点）。本書で基礎的な知識を勉強した後、試験対策としてPing-tに用意されている多数の問題を解いてみることをお薦めいたします。

■ Ping-tのURL

https://ping-t.com/

■ Ping-tのWebサイト

第 1 章

Linuxとは
【知識】

　第1章では、OSの知識をはじめ、OSSのライセンス体系、Linux カーネルとディストリビューションなどの知識を学んでいく。

■ keyword
- □ OS (オペレーティング・システム)
- □ アプリケーションソフト (アプリ)
- □ OSS (オープン・ソース・ソフトウェア)
- □ GUIとCUI
- □ カーネルとディストリビューション

1 OSの仕組みと種類

重要度 ★★★★

> 私たちが使うコンピュータには、WindowsやMac、Linuxなどの種類があり、それらは主にOSの名前を示している。この節では、OSの仕組みと役割、種類などについて説明する。

☑ Point

◆ OSとアプリケーション

- OSの主要な役割は、ハードウェアとソフトウェアの制御を行うことである。
- アプリケーションは、OSの上で動作する。そのため、OSに障害が発生した場合は、アプリケーションも利用できなくなる。

◆ OSの種類

- 代表的なOSの種類には、Linux、Windows、macOSなどがある。

◉ OSとアプリケーション

私たちが普段使用しているパソコンやスマートフォンには、**OS** (Operating System：オペレーティング・システム)がインストールされており、これから学ぶLinux (リナックス)もOSの一種である。

まずは、様々なOSの特徴や、アプリケーションとの関係について紹介する。

● OS

OSはハードウェア※を制御し、OS上で稼働するソフトウェア (アプリケーション)と連携して動作する。

例えば、キーボードの入力をOSが受け付けることで、メモリ上の対象箇所に入力内容を反映し、同時に画面にも表示する。また、アプリケーションから印刷を指示すれば、OSはプリンタに対して印刷データを送信する。

このように、OSの主要な機能は、アプリケーションが実行できるように各種サービスを提供したり、ハードウェアの制御を行ったりすることである。

※ **ハードウェア**……パソコン本体、マウス、キーボード、CPU、メモリなど。詳細については第3章を参照。

● アプリケーション

　アプリケーションとは、ある特定の用途のために作成されたプログラムである。
著名なものとしては、Microsoft社のExcelやWordなどが挙げられる。

　アプリケーションは、OSの上で動作する。そのため、OSに障害が発生した場
合は、アプリケーションも利用できなくなる。また、アプリケーションは動作す
るOSが決まっているため、例えば、ExcelやWordはWindowsで動作するが、
Linuxでは動作しない。

■ OSの役割

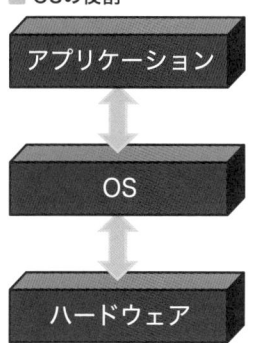

アプリケーションは、OSを
介して、ハードウェアを制御
する。

◉ OSの種類

　代表的なOSの種類を下記に挙げる。

❶ Windows

　Microsoft社のOSであるWindowsは有償であり、誰もが自由に改良するこ
とはできない。また、LinuxなどのOSS※とは異なり、中身を公開しておらず、ブ
ラックボックス化している。こうしたソフトウェアは、ユーザーが手を加えるこ
とはできない。こうしたソフトウェアを、オープンの対義語としてプロプライエ
タリ※と言う。

❷ macOS

　macOS(マックオーエス)はApple社が開発したOSであり、動画編集や音楽

※ **OSS**……オープン・ソース・ソフトウェア(Open Source Software)。1-3節「ソフトウェアライセンス」
　を参照)。
※ **プロプライエタリ**……proprietary。日本語で「私有」という意味。

制作などの用途に人気が高い。

現在のmacOSは、後述するBSD UNIXがベースになっている。

❸ UNIX

UNIX (ユニックス) は、AT&T社のベル研究所 (現在はノキア社の子会社) において、1969年に開発されたOSである。一度に複数のユーザーがOSを利用できる「マルチユーザー・マルチタスク」の機能を持っていた。

AT&T社は当初、大学向けにUNIXのソースコード※を配布していたので、多くの大学で利用され、様々な改良が行われた。UCB (University of California, Berkeley：カリフォルニア大学バークレー校) において、DARPA (Defense Advanced Research Projects Agency：米国国防高等研究計画局) の予算を得て、TCP/IP※が実装されるなど、大きな改良が加えられた。

その結果、AT&T社の商用UNIXをベースとして、**BSD** (Berkley Software Distribution：バークレー・ソフトウェア・ディストリビューション) と呼ばれるUNIXが誕生し、紆余曲折を経て、1994年にBSDは完全にフリーなOS※になった。

現在、System V (システムファイブ) の系列から続く商用UNIXには、IBM社のAIX (エーアイエックス)、Oracle社のSolaris (ソラリス)、HP社のHP-UX (Hewlett Packard UNIX：ヒューレット・パッカード・ユニックス) などがあり、エンタープライズシステムを中心に幅広く使われている。一方のBSDは、FreeBSD、NetBSD、OpenBSDなど多くのフリー OSを生み出しただけでなく、macOSの中核部分であるDarwin (ダーウィン) や、多くの組み込み機器などにも利用されている。

このように、AT&T社がソースコードを配布したことは、現在のOSS文化に繋がる貴重な一歩となっている。

❹ Linux

Linuxは、フィンランドのヘルシンキ大学の生徒だったリーナス・トーバルズ (Linus Torvalds) 氏が、UNIXを真似て新規に作成したOSであり、最初のバージョンは1991年に公開されている。商用UNIXが高価であったことから、トーバルズ氏はパソコン普及のため、自身でOSの開発を始めたと言われている。

※ **ソースコード**……プログラミング言語で書かれた、プログラムを記述したテキストファイル。
※ **TCP/IP**……広く標準的に利用されている通信手順で、信頼性の高い通信を実現するTCPと、データを確実に届けるIPを組み合わせたもの。
※ **フリーなOS**……AT&Tとの間でライセンスの問題をクリアするため、UNIX System V (システム・ファイブ) に由来するコードが取り除かれた。

Linuxのソースコードが公開されると、すぐに開発者コミュニティが立ち上がり、改良が加えられる。また同時に、「UNIXと互換性のあるコマンド」をOSSとして提供するGNU (グヌー) プロジェクト※の成果が取り込まれたことに加え、1990年代後半のITバブル期に、複数のLinuxディストリビューション※も登場し、数年のうちに商用UNIXと比肩するOSに成長している。

Linuxの特長は何より、誰でも無料で利用でき、改良できることにある。特に近年のクラウドコンピューティングにおいては、多数の仮想マシンを同時に実行するため、ライセンスにかかるコスト面でのメリットが非常に大きい。

❺組み込みOS

家電製品やゲーム機、スマートフォンやカーナビといった機器に組み込まれるOS。組み込みOSは**エンベデッドシステム** (Embedded System) と呼ばれ、メモリ容量や消費電力のほか、安定稼働とリアルタイム性が求められるものが多い。Linuxは、この組み込みOSにも多く利用されており、組み込みOSに特化したLinuxを**組み込みLinux** (Embedded Linux) と呼ぶ。

組み込みOSには、スマートフォンのOSであるAndroid (アンドロイド) や、Raspberry Pi (ラズベリーパイ) のOSであるRaspberry Pi OSなどが存在する。

・Android

Androidは、主にGoogle社が開発したモバイル向けのOSである。

スマートフォンに導入されているOSで有名だが、ベースにはLinuxカーネル※が用いられている。

・Raspberry Pi OS

Raspberry Piは、ラズベリーパイ財団が開発する超小型のコンピュータである。

Raspberry PiのOSであるRaspberry Pi OSは、後述するLinuxのDebianディストリビューションをベースに作られている。また、一般的なPCはデータの保存場所にハードディスクを使用するが、Raspberry PiはmicroSDを使用する。

このRaspberry Piもコンパクトであり、かつ安価であることから、ドライブレコーダーや監視カメラ等に組み込まれている。

※ GNUプロジェクト……1-3節「ソフトウェアライセンス」を参照。
※ Linuxディストリビューション……1-4節「カーネルとディストリビューション」を参照。
※ Linuxカーネル……1-4節「カーネルとディストリビューション」を参照。

2 UIの仕組みと種類

重要度 ★★★★

> ユーザーの操作指示をコンピュータに伝えるのがUIである。この節では、インターフェイスの種類と役割、2つのUIの特徴などについて説明する。

☑ Point

◆ インターフェース
- インターフェースは、ある物と物の接点部分としての役割を持つ仕組みのこと。
- プログラム間で連携するための仕組みをAPIと言う。
- ユーザーとコンピュータが情報をやり取りする仕組みをUIと言う。

◆ UIの種類
- GUIは、画像や図形を多用した視覚的な操作方法のこと。
- CUIは、文字ベースでの操作方法のこと。

◉ インターフェース

インターフェース(Interface)は、ある物と物の接点部分としての役割を持つ仕組みのことである。コンピュータの世界では、主に**API**(Application Programming Interface：アプリケーション・プログラミング・インターフェース)と**UI**(User Interface：ユーザー・インターフェース)がある。

■ 主なインターフェースの種類

種類	説明
API	アプリケーションが相互間で情報をやり取りする仕組み
UI	ユーザーとコンピュータ(ハードウェアとソフトウェア)が、情報をやり取りする仕組み

⦿ UIの種類

ユーザーがコンピュータに指示を与えるには、接点部分にあたるUIの仕組みが必要になる。ユーザーは画面を見ながらキーボードやマウス、コマンド入力などで指示を行う。

UIは、具体的な指示の仕方によって、CUIとGUIに分けられる。

❶ GUI

GUI（Graphical User Interface：グラフィカル・ユーザー・インターフェース）とは、画像や図形を多用した、視覚的な操作方法のことであり、コンピュータの画面上に表示されるアイコンやボタン、メニューなどをマウスで操作するインターフェースになる。

■ Windows11のGUI画面

❷ CUI

CUI（Character User Interface：キャラクタ・ユーザー・インターフェース）は、コマンド（文字列による命令）でコンピュータを操作する方式になる。コマンドでのやり取りなので、GUIよりも非力なコンピュータリソース※で動作可能である。

※ **コンピュータリソース**……CPUの処理速度、メモリ容量、ストレージ容量など。

■ Linux(CentOS 8.2)のCUI画面

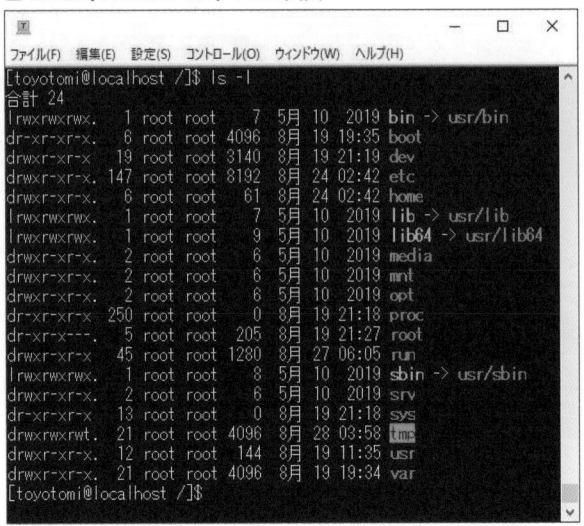

● OSとGUI・CUI

GUIの代表的なものにはWindowsやmacOS、さらにはスマートフォンやタブレットなどで使われるAndoroidやiOS(アイオーエス)などがある。また、CUI操作をメインにしているOSには、Linuxを含めたUNIX系OSになる。

WindowsなどGUIのOSは、万人が操作しやすい利点があるが、その半面、多くのコンピュータリソースを必要とするため、コストが上がる傾向にある。

逆にCUIは、素早い操作が可能であるが、操作に必要なコマンドなど前提となる知識が必要となり、操作が難しい面もある。

最近のOSは、CUI・GUIの両者を用意している。例えば、WindowsではコマンドプロンプトやPowerShell(パワーシェル)といったCUIが用意され、LinuxにはGNOME(GNU Network Object Model Environment:グノーム)やKDE(ケーディーイー)などのGUIデスクトップ環境が実装されている。

■ Linux（CentOS 8.2）のGUI画面

● GUIとCUIのメリット・デメリット

GUIとCUIのメリット・デメリットをそれぞれ比較すると、次の表のように
なる。

■ GUIとCUIのメリット・デメリット

種類	メリット	デメリット
GUI	直観的（対話的）な操作ができる	操作に時間がかかる
	手動操作がやりやすい	定型処理・反復処理がやりにくい
	視覚的な操作がしやすい	リソース消費量が比較的多い
CUI	素早い操作が可能	視覚的・直感的に分かりにくい
	定型処理・反復処理に向いている	初心者には扱いづらい
	リソース消費量が比較的少ない（非力なマシンでも動作可能）	GUIと比較して入力ミスが起きやすく、システムに影響を及ぼすことがある
	操作記録を残しやすい	

3 ソフトウェアライセンス

重要度 ★★★★

OSやソフトウェアには、使用料がかかるものと、無料で使用できるものがある。この節では、ソフトウェアの著作権に対する考え方やライセンス形態、フリーソフトウェアなどについて説明する。

☑ Point

◆ 無償のソフトウェア

- OSSは、ソースコードの改変や再配布が自由に認められている、無償のソフトウェアである。
- LinuxもOSSである。
- フリーソフトウェアやOSSなど、自由な利用、改変や再配布が可能なソフトウェアを総称して、FOSSやFLOSSと呼ぶ。

◆ コピーライトとコピーレフト

- コピーライトは、音楽・本・映画などの著作権のことである。
- コピーレフトは、著作権を保持したまま、すべての者が著作物を利用、再配布、改変できなければならないという考え方である。

◆ ライセンスの形態

- OSSのライセンス形態は、コピーレフト型、準コピーレフト型、非コピーレフト型に分類される。
- コピーレフト型ライセンスには、GPL、LGPLなどがある。

◆ CCライセンス

- CCライセンスでは、著作権者が許可した範囲内で、著作物を自由に利用できる。

◉ 無償のソフトウェア

Windowsは、ソースコードが公開されておらず、基本的に**有償**である。

一方、Linuxは基本的に**無償**である。ソフトウェアを利用する上で、有償・無償などの取り決めに様々な種類があり、それらを**ライセンス形態**と言う。

● OSS

OSS (Open Source Software：オープン・ソース・ソフトウェア)は、ソースコードの改変や再配布が自由に認められているソフトウェアである。

■ オープン・ソース・ソフトウェアの定義(一部抜粋)

定義例	説明
定義例1	自由な再分布ができること
定義例2	プログラムにソースコードを含んでいること
定義例3	派生物を自由に利用できること
定義例4	作者のソースコードの完全性を認めること

● フリーソフトウェア

フリーソフトウェア (Free Software)は、ソフトウェアの利用・改変・配布などを制限なく行うことができるソフトウェアである。

フリーソフトウェアには、フリーソフトウェア財団の創始者、リチャード・ストールマン (Richard Stallman) 氏と、彼が1985年に設立したGNUプロジェクトにより提唱された「4つの自由」がある。

フリーソフトウェアの「フリー」とは、「ソフトウェアの自由を守る」という意味であり、ユーザーが好きなように改変できる自由を保障するということである。これに対して、単に無償で提供されるものは、俗に**フリーウェア**(Freeware)と呼ばれ、フリーソフトウェアとは意味合いが異なるので、注意が必要となる。

なお、本書においては、この2つの言葉を使い分けている。

■ フリーソフトウェアにおける4つの自由

種類	説明
0番目の自由	どのような目的でも、プログラムを実行する自由
1番目の自由	プログラムの動作を研究し、必要に応じて改造する自由
2番目の自由	他の人々を助けるため、コピーを再配布する自由
3番目の自由	プログラムを改良したコピーを他の人々に配布する自由

● フリーソフトウェアとOSS

前ページの表の通り、改変や再配布について共通する部分があるため、フリーソフトウェアとOSSはしばしば同義として扱われることが多い。

しかし、前者が「社会的な方向性として、自由を拡大するために積極的であるべきだ」という思想であるのに対し、後者のOSSは「技術的な実用性を目指す上で消極的自由も許容する立場である」という点が異なる。そのため、時には意見が対立することもある。

● FOSS・FLOSS

なお、このような自由な利用やコピー、再配布が可能なソフトウェアを総称してFOSS (Free/Open Source Software) またはFLOSS (Free/Libre and Open Source Software) と言う。

◎ コピーライトとコピーレフト

著作権(コピーライト)に対する考え方の1つに、コピーレフトがある。**コピーライト**と**コピーレフト**について、下記に説明する。

● コピーライト

コピーライト (Copyright) は、音楽・本・映画などの著作者の権利(著作権)のことである。そのため、無断で改変・再配布などを行うと著作権の侵害となり、罰金や懲役の処罰を受けることもある。

● コピーレフト

コピーレフト(Copyleft)とは、著作権を保持したまま、二次的著作物も含めて、すべての者が著作物を利用・再配布・改変できなければならないという考え方である。著作権の考え方の1つであり、LinuxなどのOSSにおけるライセンス形態の基本的な考え方をなしている。

ライセンス形態

OSSのライセンス形態は、**コピーレフト型**、**準コピーレフト型**、**非コピーレフト型**に分類される。

■ ライセンスの形態

分類	ライセンスの明記	改変部分のコード公開	利用物のコード公開	ライセンス例
コピーレフト型	必要	必要	必要	GPL
準コピーレフト型	必要	必要	不要	LGPL
非コピーレフト型	必要	不要	不要	BSD
				MIT

GPL

GPL(GNU General Public License)は、前述のフリーソフトウェア財団の創設者、リチャード・ストールマン氏によって考案されたコピーレフト型であり、プログラムの利用から改変・改良、改良版を含めた再配布を許諾している。再配布時には、ソースコードの公開義務と、GPLを適用して公開しなければならないと定めている。

LGPL

LGPL(GNU Lesser General Public License)は、GPLをベースとしているが、制限が若干緩和された準コピーレフト型のライセンスになる。LGPLの元で公開されたソースコードを使ったプログラムを開発しても、その独自開発部分のソースコードの公開を強制しないという特徴がある。

BSDライセンス

BSDライセンス(Berkeley Software Distribution License)は、UCB(カリフォルニア大学バークレー校)が1990年に作成した非コピーレフト型のライセンスになる。コピーレフト型と比較すると、非営利・商用を問わず、使用、改変、複製、再頒布が可能という特徴がある。

●MITライセンス

MITライセンス (Massachusetts Institute of Technology License)は、MIT (Massachusetts Institute of Technology：マサチューセッツ工科大学)が定めた非コピーレフト型のライセンスになる。著作権および許諾表示を記載すれば、非営利・商用を問わず、使用、改変、複製、再頒布が可能になっている。

■ コピーレフト型と非コピーレフト型の比較

分類	コピー・再配布	改変	改変部分のコード公開	ライセンス例	代表的なソフトウェア
コピーレフト型	可能	可能	必要	GPL	Linux GNU系ソフトウェア
非コピーレフト型	可能	可能	不要	BSDライセンス MITライセンス	FreeBSD（※非Unix系OS）

◉CCライセンス

そのほかのライセンスとして、国際的非営利組織クリエイティブ・コモンズが策定した**CCライセンス** (Creative Commons license：クリエイティブ・コモンズ・ライセンス)がある。

CCライセンスは、ソフトウェアに限らず、著作物一般を対象にしたライセンスで、「表示」(作品の著作権者の名前を表示すること)、「非営利」(営利目的での利用をしないこと)、「改変禁止」(元の作品を改変しないこと)、「継承」(元の作品と同じ組み合わせのCCライセンスで公開すること)を組み合わせてできる6種類のライセンスがある。著作権者が許可する範囲を提示でき、その範囲内であれば誰でも自由に著作物を利用することができる。

4 カーネルと ディストリビューション

重要度 ★★★★

Linuxの中でとても重要な部分を担当しているプログラムがカーネルである。この節では、カーネルの仕組みと役割、ディストリビューションの種類などについて説明する。

☑ *Point*

◆ カーネル
- カーネルは、OSの中でも特に中核的な役割を持つプログラムである。

◆ ディストリビューション
- カーネルにライブラリやソフトウェア群、インストーラーなどが組み込まれて1つのパッケージ（製品）として提供されるものを、ディストリビューションと言う。
- ディストリビューションを開発・配布する個人や団体を、ディストリビューターと言う。

◆ 代表的なディストリビューション
- ディストリビューションの種別としては主に、Red Hat系、Debian系、Slackware系、独立系に分けられる。
- ディストリビューションには有償のものもあり、サポートの有無や更新版の提供期間、ユースケースやソフトウェアのパッケージ形式などによって、様々な種類がある。

◉ カーネル

カーネル (kernel) は、OSの中でも特に中核的な役割を持つプログラムである。メモリ管理やCPU管理、入出力制御を中心にハードウェアを抽象化し、アプリケーションとのやり取りを管理する役割を持つ。もともとLinuxとは、カーネルを指す単語だったが、現在では一般的に、Linux＝ディストリビューションといったイメージが浸透している。リーナス・トーバルズ氏が開発したものも、実はカーネルである。

◉ ディストリビューション

カーネルにライブラリやソフトウェア群、インストーラーなどが組み込まれて1つのパッケージ（製品）として提供されており、これを**ディストリビューション**(distribution)と言う。

また、このディストリビューションを開発・配布する個人や団体のことを**ディストリビューター**(distributor)と言う。ディストリビューションにはインストーラーが付属しており、簡単な操作でインストールすることができる。

■ カーネルとディストリビューション

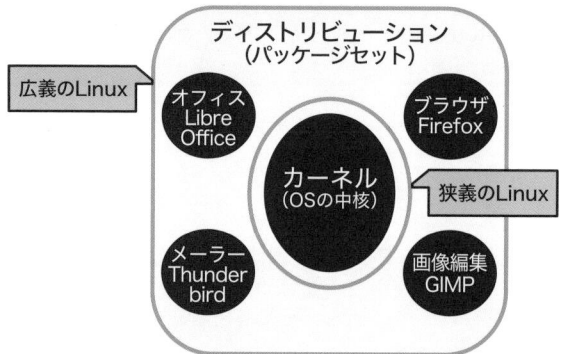

◉ 代表的なディストリビューション

代表的なディストリビューションの系統は、主に**Red Hat系**、**Debian系**、**Slackware系**、**独立系**に分かれる。

● Red Hat系ディストリビューション

アメリカのRed Hat（レッドハット）社が開発したRed Hat Linux（現在はRed Hat Enterprise Linux）をベースに開発され、rpmというパッケージ形式を採用している。

❶ Red Hat Enterprise Linux

Red Hat Enterprise Linux（レッドハット・エンタープライズ・リナックス）は、Red Hat社によって開発された商用のディストリビューションである。前身であるRed Hat Linuxに由来する名称であり、RHELと略記される。

サポート契約（サブスクリプション契約）の期間中は、追加料金なしで最新版にアップグレードすることができる。

❷CentOS

CentOS（セントオーエス）は、商用LinuxディストリビューションであるRHEL
がリリースされた後、商標や有償部分のみを排除したディストリビューションと
なっている。RHELのソースコードを元に、完全互換を目指したディストリビュー
ションであるため、動作が安定しており、RHELの代替として企業での利用実績も
多かった。

ところが、2020年末にCentOSの公式ブログで、最新版であるCentOS 8のサ
ポートを2021年末で終了し、後継バージョンをリリースしないことが発表された。

後継としてCentOS Streamがリリースされるが、今までとはRHELとの関係
性が異なる上、従来のCentOSとリリースタイミングが異なるため、RHELの代
替としては利用できなくなる。2023年現在、いくつかのディストリビューショ
ンが代替品として名乗りを上げている。

● Debian系ディストリビューション

ほかのOSSと同様に、ボランティアが中心になって開発を進めているディスト
リビューションで、パッケージ管理システムにdeb形式を採用している。

❶Debian

Debian（デビアン）は、Debian Projectによって開発されたディストリビュー
ションである。

Debianの歴史は古く、安定性と信頼性を兼ね備え、長期サポート（Long Term
Support：LTS）を無償で受けることができる。また、Debianをベースとしたディ
ストリビューションも多数派生している（後述のUbuntu等）。

❷Ubuntu

Ubuntu（ウブントゥ）は、Debianをベースに開発された世界的な人気を持つ
ディストリビューションである。

Ubuntuという言葉は、アフリカの単語で「他者への思いやり」を意味する。イ
ンストールの簡単さや優れたGUIなど、その名の通り、初心者に優しい作りをし
ている。

Ubuntuも、Debian同様にLTSや、企業向けの有償サポートサービスを提供し
ている企業が存在する。

● Slackware系、独立系ディストリビューション

Red Hat系にもDebian系にも属さないSlackware系や、独立系と呼ばれるディストリビューションも多く存在する。

❶ Slackware

Slackware (スラックウェア) は、パトリック・ヴォルカーディング (Partick Volkerding) 氏が開発したディストリビューションである。

シンプルでカスタマイズ性に優れる反面、インストール等が複雑で初心者が使いこなすのは難しいとされる。1992年から提供されており、歴史が長く、セキュリティ面等の安定性、信頼性が高い。

❷ openSUSE

openSUSE (オープンスーゼ) は、もともとは、ドイツのSUSE社が開発するSUSE Linuxであった。2003年にNovell社がSUSE社を買収してから、商用版と区別するために、現在の名称に変更された。ソースコードはSUSE Linux Enterprise (SLE) と共通であり、RHELとCentOSの関係に似ている。

欧州においては、商用のSUSE Linuxが、Oracle (オラクル)※やSAP (エスエーピー)※などの標準的なプラットフォームとして高いシェアを有していることから、openSUSEも人気が高い。

ディストリビューションとしての出発点はSlackwareであるが、パッケージ形式がrpmであることから、RedHat系に分類されることもある。

■ ディストリビューション概要図

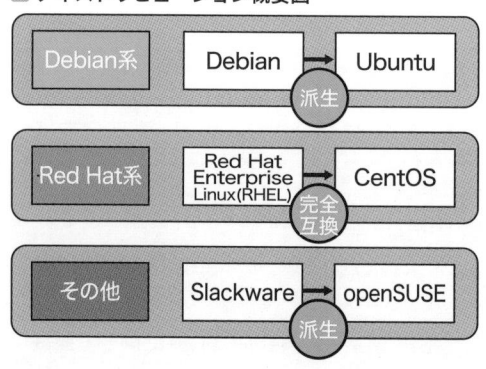

※ **Oracle**……世界的なシェアを誇るデータベースマネジメントシステム (パッケージソフトウェア)。
※ **SAP**……経営データを一元管理することで全体最適化を図り、業務を効率化する基幹システム (パッケージソフトウェア)。

前ページの図は簡潔に表しているが、実際には数多くのディストリビューションが存在している。

● ディストリビューションの選択

上記の通り、ディストリビューションの種類は数多く存在するが、カテゴリ分けをすると、企業向け、一般向け、技術者向けのおおよそ3種類に分類できる。

❶企業向けのLinuxディストリビューション

企業が導入するサービスとの互換性などから、このディストリビューションに含まれるソフトウェアは、最新であることよりも安定性が重視されている。更新版の提供がされたり、有償でトラブル発生時のサポートを受けられたりなど、サポートが充実していることが特長である。

日本における代表的な企業向けディストリビューションは、Red Hat Enterprise Linuxである。

■ 企業向けの主なLinuxディストリビューション

ディストリビューション	開発
Red Hat Enterprise Linux	Red Hat社
CentOS	The CentOS Project
SUSE Linux Enterprise Server	SUSE社
Debian LTS	Debian Project
Ubuntu LTS	Canonical Ltd.社

❷一般向けのLinuxディストリビューション

中規模な組織や個人使用を対象にしたディストリビューション。最新版のハードウェアに対応するために、最新のカーネルやソフトウェア、ドライバ等を含んでいる。

代表的なディストリビューションには、Fedora (フェドラ)やopenSUSEなどが存在する。

■ 一般向けの主なLinuxディストリビューション

ディストリビューション	開発
Fedora	Fedora Project
Ubuntu 非LTS	Ubuntu Project
openSUSE Leap	SUSE社、openSUSE Project

❸技術者向けのLinuxディストリビューション

最先端の技術を採用しているディストリビューション。ベータバージョンのパッケージ導入等により、不具合が発生することもあるが、そのような場合にも対処できるハッカーや技術者向けに提供されている。

代表的なディストリビューションには、シンプル・ミニマム・エレガントなどの開発理念を持っているArch Linux（アーチ・リナックス）、Gentoo Linux（ジェンツー・リナックス）等が存在する。

■ 技術者向けの主なLinuxディストリビューション

ディストリビューション	開発
Arch Linux	Levente Polyák
Gentoo Linux	Gentoo Foundation

● ディストリビューションのライフサイクル

LinuxはOSSであるため、基本的に無償で利用できる。ただし、独自の有償ソフトが同梱されているディストリビューションや、サブスクリプション形式の技術サポートを受ける場合は、別途の有償サポートが必要となる。

また、企業向けLinuxディストリビューションは安定性を重視しているため、他のディストリビューションよりサポート期間が長い。

例えば、Red Hat Enterprise Linuxはサポート期間が10年間と非常に長く、サポート契約が締結されていれば継続的にアップデートや技術サポートを受けることができる。

半面、一般向けディストリビューションでは、コミュニティが運営するフォーラム（掲示板）などから技術情報を得ることが多いが、中には有償サポートを提供するディストリビューションもある。例えば、UbuntuにはLTSという5年間の長期サポートが用意されていて、企業ユーザーの取り込みに一役かっている。

5 Linux上で実行できるOSS

重要度 ★★★★

前述したように、OSSはソースコードの改変や再配布が自由に認められているソフトウェアである。この節では、代表的なOSSや、プログラミング言語の種類などについて説明する。

☑ *Point*

◆ Linux上で実行できるOSS

- 一般的にブラウザやメールソフトを使用する場合は、デスクトップ環境が必要になる。
- 主なOSSには、FirefoxやThunderbirdがある。

◆ プログラミング言語

- Linuxでは、C言語、Java、PHP、Perl、Python、Rubyなどの多くのプログラミング言語を使用できる。

◉ Linux上で実行できるOSS

Linuxで実行できる様々なOSSについて説明する。

● デスクトップ環境

Linuxディストリビューションには、オフィススイートやWebブラウザといった、多くのOSSが含まれており、デスクトップ環境の上で、これらを利用することができる。

このデスクトップ環境を構成するには、まず土台となるX Window System（エックス・ウィンドウ・システム）※を導入し、その上で、GNOMEやKDE、Xfce（エックス・エフ・シー・イー）等のウィンドウマネージャ※を導入する必要がある。ただし実際は、OSをインストールする過程で、どのデスクトップ環境を利用するか選択するだけなので、簡単に設定できる。

※ **X Window System**……UNIX系OSで標準的に利用されるGUIデスクトップ環境。
※ **ウィンドウマネージャ**……ウィンドウの装飾や位置、大きさ、操作方法などを管理するプログラムのこと。X Window Systemのために開発されたプログラムで、GUIを自由に選択することができる。

なお、GUIデスクトップ環境（GUIの表示のされ方）は各ソフトウェアによって異なり、外観や機能は様々である。

● 主なOSS

主なOSSを紹介する（主なサーバーアプリケーションは、第2章を参照）。

❶ OpenOffice.org

OpenOffice.org（オープンオフィス・オルグ）は、文書作成や表計算、プレゼンテーションなどの機能をひとまとめにしたオフィススイートであり、Microsoft社のOfficeスイートとの互換性を持つ。なお、オフィススイートのスィート（suite）は「ひと揃い」という意味で（「甘い＝sweet」ではない）、文章作成や表計算など、オフィス（業務）で利用するソフトウェアをひとまとめにしたものである。

❷ LibreOffice

LibreOffice（リブレオフィス）は、OpenOffice.orgから派生したオフィススイートである。VBAマクロのサポートや、多くの言語で利用できる特徴を持つ。

❸ Thunderbird

Thunderbird（サンダーバード）は、アメリカのMozilla（モジラ）財団が提供している電子メールソフト（メーラー）である。メーラーとは、電子メールを送受信する個人向けのアプリケーションで、Thunderbirdはスパムメール対策機能や迷惑メール学習機能も持っている。

なお、ライセンスの問題から、Debian系においてはThunderbirdの名称を利用することができない。このため、Thunderbirdのソースコードをベースとしつつも、別名称のIcedove（アイスダブ）を使用している。

❹ Firefox

Mozilla財団が提供しているFirefox（ファイアフォックス）は、Linuxだけでなく、Windowsでも人気があるのWebブラウザである。Firefoxは拡張機能に優れており、動画のダウンロードや翻訳などの多くのアドオン機能を組み込むことができる。

なお、上述のThunderbirdと同じ理由により、Debian系ではIceweasel (アイスウィーズル)の名称を使用している。

❺ GIMP

GIMP (ギンプ)は、画像の加工・編集を行うソフトウェアである。画像の形式には、主に「ラスタ形式」(ビットマップ画像)と「ベクター形式」の2種類があるが、GIMPはPNG、JPEG、BMPといったラスタ形式の画像をサポートする。

GIMPのほかにも、ベクター形式の画像編集ソフトウェアに、Inkscape (インクスケープ)がある。

◉ プログラミング言語

ここまで述べてきたOSSは、基本的にすべて**プログラミング言語**でコードが書かれている。プログラミング言語とは、プログラムを記述するための人工言語で、用途に応じて様々な種類が存在する。Linux上では、ほとんどのプログラミング言語を使用することができる。

代表的なプログラミング言語として、C言語やJava (ジャバ)等があり、AI・機械学習には、Python (パイソン)やRuby (ルビー)等、また、Web開発向けにはPHP (ピー・エッチ・ピー)やPerl (パール)、JavaScript (ジャバスクリプト)等、多種多様である。

なお、こうした言語の中には、そのままスクリプト※として実行できるものから、コンパイル※が必要なものまで、プログラミング言語ごとに違いがある点に注意が必要である。

※ **スクリプト**……ソフトウェアを作成するための簡易的なプログラミング言語。
※ **コンパイル**……プログラミング言語で書かれたソースコードを解析し、コンピュータが直接実行可能な形式のプログラムに変換すること。

6 サーバー構成

サービスや機能を提供するコンピュータをサーバー、利用するコンピュータをクライアントと呼ぶ。この節では、2種類の代表的なサーバーとクライアントの組み合わせについて説明する。

☑ *Point*

◆ サーバー構成

- サーバー構成には、主にクライアント・サーバー型とホスト集中型の2種類がある。

◉ サーバー構成

サーバー (server)とは、サービスや機能を提供する側のコンピュータのことである。一方、サービスを利用する側のコンピュータを**クライアント** (client)と呼ぶ。サーバー・クライアントという用語は、あくまでも用途によって使い分けられるものであり、特定の機器仕様※ではない点に注意が必要である。

よって、例えば個人用として利用していたパソコンであっても、サーバー用のアプリケーションさえインストールすれば、サーバーとして利用することができる。

● クライアント・サーバー型

クライアント・サーバー(Client Server：C/S) 型は、サービスを提供するため、特定の処理を実行するサーバーと、サービスを受けるクライアントで構成されたシステムであり、業界では俗に「クラサバ」の略称で呼ばれる。Linuxがよく用いられるメールシステムやWebデータベースなどの仕組みがクライアント・サーバー型の好例となる。

サーバーとクライアント用のコンピュータを分けることにより、処理や負荷を分散させることができる半面、開発においては、サーバー側とクライアント側の両方を作る必要がある(次の図を参照)。

※ **特定の機器仕様**……とはいえ、高信頼性を求められるサーバーには、各社ともそれに特化した機器をラインナップしている。

■ クライアント・サーバー型

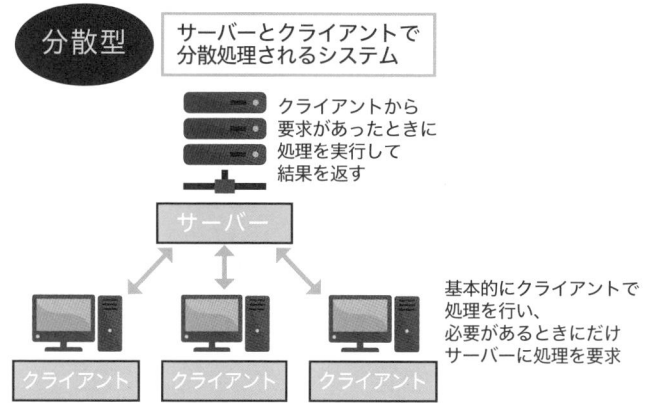

● ホスト集中型

ほとんどすべての処理をホストコンピュータが処理するモデル。プログラムと
データがすべてホストコンピュータ側で一元管理されているため、運用・保守が
容易なことが特長である。反面、ホスト側コンピュータが処理を一手に引き受け
るので、性能を担保するためには高価なコンピュータを必要とする。

代表的なものとして、メインフレームと呼ばれる大型汎用コンピュータがあり、
現在でも金融機関などで使われ続けている（次の図を参照）。

サーバーの具体的な利用方法については、第8章で説明する。

■ ホスト集中型

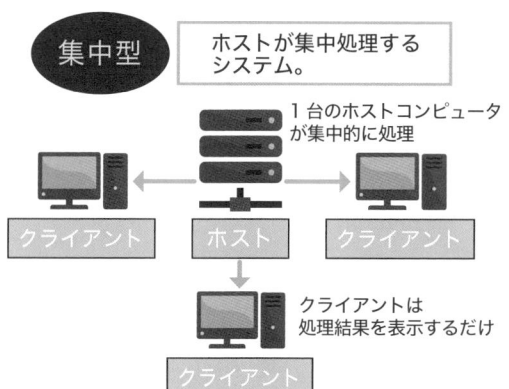

練習問題

「Ping-t 最強WEB問題集 Linux Essentials（Ver1.6）」より出題！

1 Linux について、正しいものを選べ。（問題ID：2603）

(a) サーバー用のディストリビューションと個人利用向けのディストリビューションは完全に分かれている

(b) Linux から派生したものの一つがUnixである

(c) Linux は、Unix の思想やスタイルをベースに作られているOSである

(d) Linux のディストリビューションは、提供する会社と契約を結ぶことでソースコードを公開してもらうことができる

(e) すべてのディストリビューションは、オープンソースかつ無償でサポートを受けられる

2 Linux のディストリビューションの説明として正しいものを選べ。（問題ID：2673）

(a) Linux カーネルとカーネルモジュール、それらのソースコードを取りまとめたもの

(b) Linux ハードウェア上で動作する、派生物を含むすべてのOS

(c) OSの中核となる部分

(d) Linux カーネルを除くOS

(e) Linux カーネル、システムユーティリティ、ソフトウェア群などを1つにまとめたもの

3 Linux のディストリビューションで以下の特徴を持つものはどれか。（問題ID：2677）

・有志によって開発されている

・GNU プロジェクトの製品を積極的に採用している

・フリーソフトウェアだけを採用している

(a) Fedora Core   (b) Red Hat Enterprise Linux

(c) Ubuntu   (d) Debian

(e) openSUSE

3 (d)   **2** (e)   **1** (c)

正解

第 **2** 章

Linuxの環境構築
【知識・実践】

※本章は試験範囲外ながら、実務で必要となるために記載

　第2章では、Linuxの環境構築を行い、次章以降の実践を実施可能にすることを目的とする。

keyword

□仮想環境

□Oracle VirtualBox

1 仮想環境
※本節は試験範囲外ながら、実務で必要となるために記載

重要度 ★★★★

仮想環境を使うと、システムの一元管理による業務効率化や、リソースの柔軟な割り当てが可能になる。この節では、仮想環境の仕組みと種類、メリット・デメリットなどについて説明する。

☑ *Point*

◆ **仮想環境とは**
- 仮想環境は、パソコンやサーバーなど、1つのハードウェアの中で仮想的なOS環境を構築したものになる。

◆ **仮想環境の種類**
- 仮想環境には、ホスト型、ハイパーバイザー型、コンテナ型がある。

◆ **仮想環境のメリット・デメリット**
- 仮想環境では、システムの一元管理による業務効率化や、リソースの柔軟な割り当てが可能になる。

◉ 仮想環境とは

仮想環境とは、1つのハードウェアの中で、仮想的なOS環境を構築したものになる。物理的に実装されたハードウェアリソースを論理的に分配し、それぞれを独立したOS環境として動作させる技術である。簡単に言うと、1台のハードウェア上で、仮想的に複数のOS環境が用意できる。

また、一般的に仮想環境を作る土台となるOSを「ホストOS」、仮想環境上のOSを「ゲストOS」と呼ぶ。仮想環境を構築することで、OS環境ごとにハードウェアをそれぞれ用意する必要がなくなるばかりか、複数のOS環境を一元的に管理できるようになる。

◉ 仮想環境の種類

仮想環境を構築するためのソフトウェア製品は、複数のベンダーから提供されている。それぞれに特徴があるため、簡単に分類して紹介する。

■ 仮想マシンの各種構成図

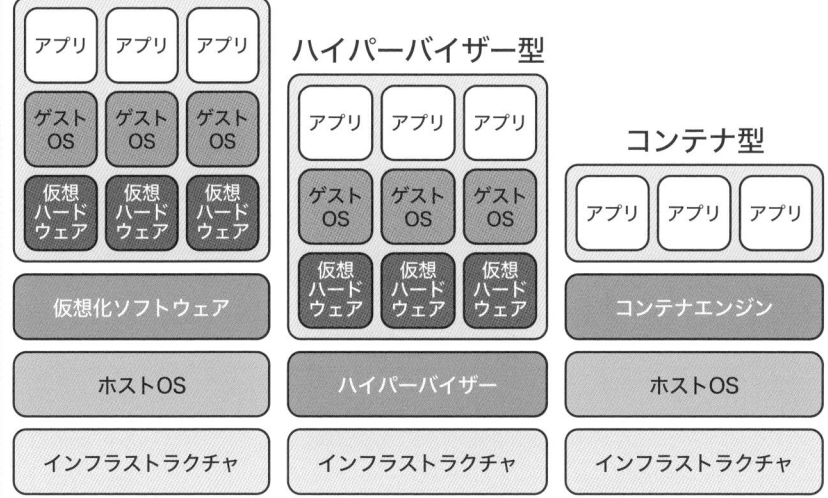

❶ホスト型

　ホスト型とは、ホストOS (LinuxやWindows)の上に仮想化ソフトウェアをインストールするタイプである。

　代表的なソフトウェアには、VMware Player (ヴイエムウェア・プレーヤー)やWindows Virtual PC (バーチャル・ピーシー)、次節で説明するOracle VirtualBox (オラクル・バーチャルボックス)などがある。

　インストールに際してホストOSに影響せず、かつ手軽に始められるのがメリットである。半面、ホストOSを起動してからでないと利用できないため、起動時間がかかるうえ、手動操作が必要となり、面倒である。

　こうした特徴ゆえ、ホスト型は一般的に、開発向けのテスト・実験用に用いられることが多い。

❷ハイパーバイザー型

　1つのハードウェアに「ハイパーバイザー」と呼ばれる仮想化OSをインストールするタイプである。ホストOSが介在しないので起動が早く、通常は手動の起動操作も必要ない。また、ホストOSのリソースを確保する必要がないこともメ

リットである。

　一方、デメリットは既存OSの利用ができないことで、場合によってはハードウェアの新規購入が必要となる。とはいえ、通常、本番環境として構築する場合は、ほとんどすべてがハイパーバイザー型である。

　ハイパーバイザー型の代表的なソフトには、VMware ESXi（ヴイエムウェア・イーエスエックスアイ）やHyper-V（ハイパーブイ）、Citrix XenServer（シトリックス・ゼンサーバー）などがあり、無償で利用できるものもあるが、一般的に商用利用は有償である。

❸コンテナ型

　コンテナ型は、新しいタイプの仮想環境である。ホストOSに「コンテナエンジン」とよばれる仮想化ソフトをインストールし、その中でコンテナと呼ばれる環境を作り、アプリケーションを実行させる。ゲストOSといった概念はなく、コンテナ上で個々のアプリケーションが動作する。

　代表的な製品はDocker（ドッカー）であり、AWS（Amazon Web Services）やAzure（Microsoft Azure）、GCP（Google Cloud Platform）といった、名だたるクラウドサービス業者にも採用されている。

　メリットは、ゲストOSが不要であるためリソースの利用効率が高く、動作も軽快である。半面、新しい技術であるがゆえに、構築できるベンダーが少ないこと、また、便利な管理ツール類が不足している点などである。

◉ 仮想環境のメリット・デメリット

　仮想環境のメリットは、システムの一元管理による業務効率化が可能であること、また、リソースの柔軟な割り当てが可能であることが挙げられる。

　一方のデメリットは、仮想化の処理に能力を取られ、割り当てたリソースよりも性能が劣る場合があることや、いったんハードウェアが故障すると、複数のゲストOSが停止してしまい、影響範囲が広がることなどが挙げられる。

　したがって、設計段階においては、ゲストOSに配分するリソースを緻密に見積もったり、あるいはハードウェアが故障した場合の対策を立てておくなど、考慮すべき点は多い。

2 Oracle VirtualBox

※本節は試験範囲外ながら、実務で必要となるために記載

重要度 ★★★★

> 仮想化ソフトウェアのOracle VirtualBoxを使うと、テストや学習用の仮想環境を
> 手軽に用意することができる。この節では、Oracle VirtualBoxの導入方法などに
> ついて説明する。

☑ *Point*

◆ Oracle VirtualBox とは

- Oracle VirtualBoxは、ホストOS上に仮想マシンを追加し、ゲストOS
  をインストールできるOSSの仮想化ソフトウェアである。

◆ Oracle VirtualBoxの導入

- 仮想マシンを構築するためには、まずOracle VirtualBoxのインストー
  ラーをWebサイトからダウンロードする。

◆ ゲストOSのインストール

- CentOSを使用。
- バージョンは「CentOS 7」を使用。

⊚ Oracle VirtualBox とは

Oracle VirtualBoxは、ホストOS上に仮想マシンを追加し、ゲストOSを
インストールできるOSSの仮想化ソフトウェアである。

例えば、使用しているパソコンがWindows11だとして、Oracle VirtualBox
を使用すると、そのWindows11上でLinux系OSを動作させることができる。
これにより、手軽にテスト用・学習用の仮想環境を用意できるほか、その環境が
不要になったときは、Oracle VirtualBoxを削除すれば、元に戻すことが可能で
ある。

⊚ Oracle VirtualBoxの導入

Oracle VirtualBoxをWindows PCやMacBookなどにインストールして、仮

想マシンを構築するためには、まずWebサイトからインストーラーをダウンロードする。

①Oracle VirtualBoxのダウンロード

以下のURLにアクセスして最新のOracle VirtualBoxを入手する。

2023年3月時点の最新バージョンは7.0.6となっている。

https://www.Virtualbox.org/

[Download VirtualBox 7.0] ボタンをクリックし、表示されたページの「VirtualBox binaries」という見出しの下にある「VirtualBox 7.0.6 platform packages」の中から、使用するOSに応じたリンクをクリックする。使用OSがWindowsならば「Windows hosts」を選択する。

ダウンロードした.exeファイルをダブルクリックし、インストールを実行する。

インストールが完了すると、Oracle VirtualBoxが使用可能となる。

■ **Oracle VirtualBox実行時の表示**

◉ ゲストOSのインストール

②CentOSのDVD ISOのダウンロード

Oracle VirtualBoxのインストールが完了したので、以下のURLから仮想環境にインストールするCentOS 7のDVD ISOをダウンロードし、初期設定を行う。

https://www.centos.org/download/

③仮想マシンの作成

Oracle VirtualBoxを立ち上げ、仮想マシンの作成を行う。

「新規」をクリックし、仮想マシンの作成を開始する。仮想マシンの名前、メモリサイズ、仮想ハードディスクの作成、ハードディスクのファイルタイプ、ハードディスクのサイズの設定を行い、仮想マシンを作成する。

設定に必要な最小システム要件は、次の表の通りとなる。

■ CentOSの最小システム要件

システム	要件
CPU	1コアCPU以上必須
メモリ	1024MB以上必須
HDD	7.5GB以上（推奨10GB以上）のストレージ領域

④仮想マシンの起動

先ほど作成した仮想マシンを起動し、初期設定を行う。

仮想マシンを起動し、「起動ハードディスクを選択」が表示されるので、ダウンロードしておいたCentOS 7を指定する。その後、言語の選択、インストールの概要※の設定を行い、インストールを開始する。

インストールが開始されると、rootパスワード（管理者パスワード）の設定と、ユーザーの作成を行う。

インストールが完了すると、再起動の案内が表示されるので、再起動する。

※ **インストールの概要**……インストールの概要の部分でソフトウェアの選択を行わないと、GUIを使用できないので注意が必要。

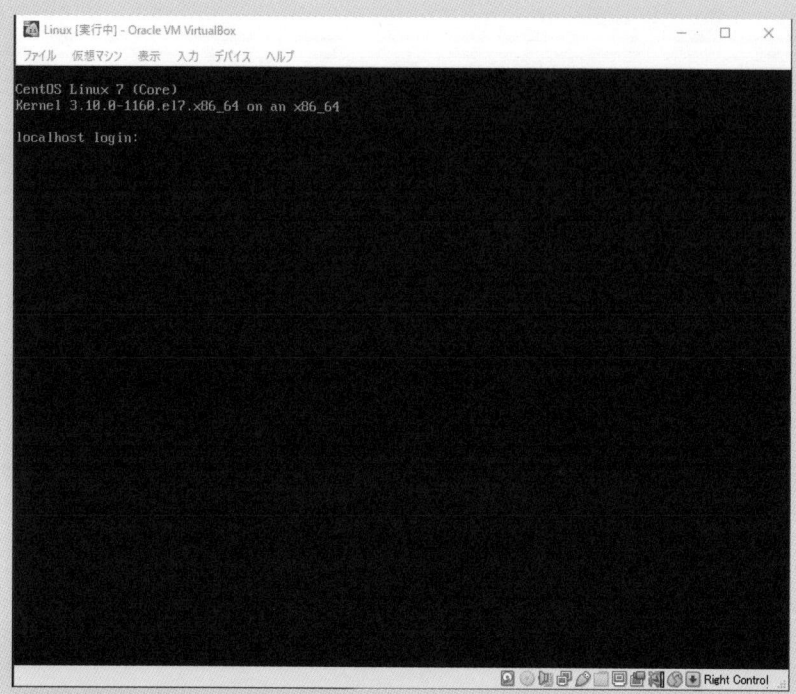

これでOracle VirtualBoxにCentOSがインストールされるようになる。

第 **3** 章

Linuxの基本的な操作【実践】

　第3章では、これまでに作成したLinux環境を使用して、ログインやログアウトの方法、ユーザーの管理、基本的なコマンドの使用法について説明する。

　実際の操作画面を掲載しているが、それぞれ各自でも調べながら学習を進めていただきたい。自身で必要な情報を入手することも、現場において重要なスキルとなるからだ。

keyword

☐システムの起動と終了

☐ユーザー管理の方法

☐基本コマンドの操作

☐ファイル操作

1 システムの起動と終了

重要度 ★★★★

Linuxの起動や終了には、決められた手順がある。この節では、Linuxシステムの利用開始時や終了時に必要となるログインやログアウト、ユーザーの切り替え方法などについて説明する。

☑ *Point*

◆ ログイン
- Linuxを利用するには、最初にユーザー名とパスワードを指定してログインする。

◆ ログアウト
- ログアウトは、exitやlogoutを使う。

◆ ユーザーの切り替え
- ユーザーの切り替えは、suやsudoを使う。

◉ ログイン

Linuxを起動して利用を開始するには、ユーザー名とパスワードを指定して**ログイン**(login)する。この手順は、自身が正規のユーザーであることを証明するためのものである。

ただし、たとえ他人であっても、IDとパスワードさえ知っていれば、簡単にログインできてしまうので、完全なセキュリティとは言えない。したがって、パスワードを付箋紙などに書いてディスプレイに貼ったり、むやみに他人に教えたりしないよう、厳重に管理することが求められる。

◉ ログアウト

Linuxの利用を終了する場合は、**exit**コマンド、もしくは**logout**コマンドにより**ログアウト**(logout)する。

ログアウトせずに放置すると、他人でも操作ができてしまうので、非常に危険である[※]。

なお、exitコマンドの詳細については、8-3節「ユーザーとグループ」で詳しく解説する。

⦿ ユーザーの切り替え

Linuxでは、一時的に他のユーザーで作業ができるように工夫されており、現在ログインしているユーザーのまま、他のユーザーに切り替えて操作することができる。ユーザーの切り替えには**su**コマンドを使用し、切り替えるユーザー名を引数[※]で指定する。ただし、ユーザー名を指定しなかった場合は、**管理者**を指定したことになる。管理者は、**rootユーザー**と呼ばれる特別なユーザーで、Linuxシステムのほぼすべての操作が行える管理者権限[※]を持っており、スーパーユーザー[※]とも呼ばれる。

なお、管理者としての作業する際にsuコマンドを使用することは、管理者のパスワードを複数人で共有することになるため、セキュリティ的にリスクがある。そこで、一般ユーザーでログインしながらも、一時的に管理者権限でコマンドを実行できるように、**sudo**コマンドが用意されている。sudoであれば、どのユーザーがコマンドを実行したのかが記録されるので、問題発生時においても後から追跡することができ、安全性が高まる。

suコマンド、sudoコマンドの詳細については8-3節「ユーザーとグループ」で詳しく解説する。

※ **危険である**……一定時間の経過で自動的にタイムアウトさせたい場合は、ホームディレクトリの.bash_profileにTMOUT値を設定する。例えば、タイムアウト値を5分間としたい場合は、"export TMOUT=300"の行を追加する。

※ **引数**……コマンドやスクリプトの実行時に、処理対象として与える値のこと。コマンドやスクリプトはその値に従って処理を行い、結果を返す。10-3節「シェルスクリプト」を参照。

※ **管理者権限**……システム管理のために、あらゆる制限が撤廃される特権ユーザー。コンピュータ上のすべてのリソースにアクセスできる。8-3節「ユーザーとグループ」を参照。

※ **スーパーユーザー**……8-3節「ユーザーとグループ」を参照。

2 ユーザーの管理

重要度 ★★★★

マルチユーザー環境であるLinuxでは、1台のコンピュータに対して複数のユーザーがログインし、システムやアプリケーションを利用することができる。この節では、実行例を示しながら、ユーザーの作成・確認方法などについて説明する。

☑ Point

◆ ユーザーの作成
- ユーザーの作成は、useraddを使う。

◆ パスワードの設定
- パスワードの設定は、passwdを使う。

◆ ユーザーの確認
- ユーザーの確認は、/etc/passwdファイルを参照する。
- 登録済みのグループの確認は、/etc/groupファイルを参照する。

◆ その他のユーザー情報の確認
- ユーザー情報の確認は、idを使う。
- ログイン履歴の確認はlast、ログイン中のユーザーの確認はwhoやwを使う。

◉ ユーザーの作成

ユーザーの作成には、**useradd**コマンドを使用する。実行には、管理者権限が必要である。

注意点として、useraddコマンドではホームディレクトリ※が自動作成されないことがあるので、明示的に**-m**オプションを指定することが推奨される。

■ useraddコマンド

書式	説明
useradd [オプション] ユーザー名	新規ユーザーを作成する

※ **ホームディレクトリ**……5-2節「ディレクトリ」を参照。

主なオプション	説明
-m	ユーザーのホームディレクトリが存在しない場合、作成する
-M	ユーザーのホームディレクトリを作成しない
-u	ユーザーIDを指定する
-d	ユーザーの作業用ディレクトリを指定する

例 useraddコマンドでuser01ユーザーと-mオプションを指定し、ホームディレクトリを作成する。

useradd -m user01

◉ パスワードの設定

useraddコマンドで新規にユーザーを作成しただけでは、パスワードが未設定でログイン不可なため、続けて**passwd**コマンドでパスワードを設定する必要がある。

そもそもpasswdコマンドは、実行したユーザーのパスワードを変更するコマンドであるため、誰でも実行できる。しかし、他ユーザーのパスワードを変更する場合は管理者権限による実行が必須であり、引数でユーザー名を指定する必要がある。

なお、passwdコマンドはパスワードの設定だけではなく、パスワードの削除や有効期限の設定なども可能である。

■ passwdコマンド

書式	説明
passwd [オプション] [ユーザー名]	パスワードを変更する

主なオプション	説明
-l ユーザー名	指定したユーザーをロックする
-u ユーザー名	指定したユーザーのロックを解除する
-d ユーザー名	パスワードを削除する
-S ユーザー名	パスワードの状態を表示する

> **例** passwdコマンドで、user01ユーザーのパスワードを設定する。
> # passwd user01

⦿ ユーザーの確認

現在、どのユーザーが登録されているのかを調べるには、ユーザーのアカウント情報が格納された**/etc/passwdファイル**※を参照すればよい。同様に、登録済みのグループ※を調べるには、**/etc/groupファイル**を参照する。

● /etc/passwdファイル

/etc/passwdファイルを参照すれば、各ユーザーのユーザー名、パスワード、ユーザーID、グループID、コメント、ホームディレクトリ、デフォルトシェル※を確認することができる。

ファイルの中身を表示するには、**cat**コマンドを使用する（詳細については、次の3-3節「ファイル操作」を参照）。

例
catコマンドで、/etc/passwdファイルを参照する
cat /etc/passwd

```
[root@linux00 ~]# cat /etc/passwd
root:x:0:0:root:/root:/bin/bash
bin:x:1:1:bin:/bin:/sbin/nologin
daemon:x:2:2:daemon:/sbin:/sbin/nologin
adm:x:3:4:adm:/var/adm:/sbin/nologin
lp:x:4:7:lp:/var/spool/lpd:/sbin/nologin
sync:x:5:0:sync:/sbin:/bin/sync
shutdown:x:6:0:shutdown:/sbin:/sbin/shutdown
halt:x:7:0:halt:/sbin:/sbin/halt
mail:x:8:12:mail:/var/spool/mail:/sbin/nologin
operator:x:11:0:operator:/root:/sbin/nologin
```

root:x:0:0:root:/root:/bin/bash

※ **/etc/passwdファイル**……/etcディレクトリには、OSをはじめ、様々なソフトウェアの設定ファイルが置かれる。5-2節「ディレクトリ」を参照。
※ **グループ**……ログインしている複数のユーザーをまとめて管理するための仕組み。8-3節「ユーザーとグループ」を参照。
※ **デフォルトシェル**……ユーザーとカーネルをつなぐインターフェースのこと。10-1節「シェルの役割」を参照。

表示された「root:x:0:0:root:/root:/bin/bash」から、下記のユーザー情報を確認することができる。

- ・ユーザー名：root
- ・パスワード（xのみ）：x
- ・ユーザーID：0
- ・グループID：0
- ・コメント：root
- ・ホームディレクトリ：/root
- ・デフォルトシェル：/bin/bash

● /etc/shadow ファイル

　/etc/passwd ファイルの情報では、パスワードの場所が「x」となっている。もともとは暗号化されたパスワードが記述されていたが、同ファイルは一般ユーザーでも参照でき、暗号化されたパスワードを解析することも可能であったため、「x」とだけ表記されるようになった。

　そこで、実際のパスワードは、暗号化した上で/etc/shadow ファイルに保存されるようになった。したがって、このファイルは、管理者（rootユーザー）のみが読み取り可能である。

例 | cat コマンドで、/etc/shadow ファイルを参照する。

cat /etc/shadow

● /etc/group ファイル

グループの情報を確認したい場合は、/etc/group ファイルを参照することで確認できる。同ファイルでは、各グループのグループ名やグループID、サブグループとして所属しているユーザーを確認することができる。

catコマンドで、/etc/group ファイルを参照する。
cat /etc/group

grp01:x:1003:

このキャブチャー画像内に表示されていないが、下に移動すると表示される「grp01:x:1003:」から、下記のグループ情報を確認することができる。

・グループ名：grp01
・パスワード(x のみ)：x
・グループID：1003

◉ その他のユーザー情報の確認

上記で紹介した例のほかに、ユーザー管理で使用するコマンドをいくつか紹介する。

● ユーザー情報を確認する

idコマンドは、ユーザーIDやユーザー名、グループIDやグループ名などの識別情報を表示するコマンドである。引数なしに実行した場合は、ログインしているユーザー（自分）の情報が表示される。

■ idコマンド

書式	説明
id [オプション] [ユーザー名]	ユーザー情報を表示する

主なオプション	説明
オプションなし	実行ユーザーのユーザー情報を表示する
-G	ユーザーが所属するすべてのグループをIDで表示する
-u	ユーザーIDのみ表示する

idコマンドで、ユーザー情報を表示する。

$ id

ファイル(F) 編集(E) 設定(S) コントロール(O) ウィンドウ(W) 漢字コード(K) ヘルプ(H)
```
[mako@linux00 ~]$ id
uid=1001(mako) gid=100(users) groups=100(users)
```

● ログイン履歴を確認する

lastコマンドは、システムのログイン履歴を一覧表示するコマンドである。/var/log/wtmpファイルを参照し、新しいログインから順に表示する。

なお、/var/log/wtmpファイルはバイナリファイルであるため、catコマンドで中身を確認することはできない。

■ lastコマンド

書式	説明
last [オプション]	システムのログイン履歴を一覧表示する

主なオプション	説明
オプションなし	システムのログイン履歴を一覧表示する
-x	システムのシャットダウンとランレベル（Linuxの動作モード）変更の記録も表示する
-t 日時	指定した日時より前のログイン情報を表示する（yyyymmddhhmmss）

例

lastコマンドで、システムのログイン履歴を一覧表示する。

$ last

● ログイン中のユーザーを表示する

whoコマンドやwコマンドは、ログイン中のユーザーを表示するコマンドである。whoコマンドよりもwコマンドの方が、より詳細な情報を入手することができる。

■ whoコマンド

書式	説明
who [オプション]	ログイン中のユーザーを一覧表示する

主なオプション	説明
オプションなし	ログイン中のユーザーを一覧表示する
-a	すべての情報を表示する

whoコマンドで、ログイン中のユーザーを一覧表示する。

$ who

例

ファイル(F) 編集(E) 設定(S) コントロール(O) ウィンドウ(W) 漢字コード(K) ヘルプ(H)	— □ ×

```
[mako@linux00 ~]$ who
mako     pts/0        2022-05-23 14:54 (10.0.4.1)
```

■ wコマンド

書式	説明
w [オプション] [ユーザー名]	ログインしているユーザーが実行中のプロセス※を表示する

主なオプション	説明
オプションなし	ログインしているユーザーが実行中のプロセスを表示する
-s	短く表示する
-h	ヘッダを表示しない

wコマンドで、ログインしているユーザーが実行中のプロセスを表示する。

$ w

例

ファイル(F) 編集(E) 設定(S) コントロール(O) ウィンドウ(W) 漢字コード(K) ヘルプ(H)	— □ ×

```
[mako@linux00 ~]$ w
 11:23:47 up 20:30,  1 user,  load average: 0.00, 0.00, 0.00
USER     TTY      LOGIN@   IDLE   JCPU   PCPU WHAT
mako     pts/0    月14     1.00s  0.14s  0.00s w
```

※ **プロセス**……9-3節「プロセスの管理」を参照。

3 ファイル操作

重要度 ★★★★

実務では、ファイルの圧縮/展開、内容確認、検索、並べ替えなどが頻繁に行われる。
この節では、ファイルの操作方法などについて、実行例を示しながら説明する。

☑ Point

◆ ファイルの圧縮/展開
- アーカイブの作成/展開は、tar を使う。

◆ ファイル内容の確認（参照）
- ファイル内容の表示は、cat を使う。
- 画面ごとに表示するには、ページャ（more や less）を使う。

◆ ファイルの検索
- ファイルやディレクトリの検索は、find や locate を使う。
- 検索結果の絞り込みは、grep を使う。

◆ 正規表現やパイプを使った検索
- ファイルやディレクトリの検索には、正規表現が使える。
- パイプを使うと、コマンドの実行結果を別のコマンドへ渡して処理することができる。

◆ その他のファイル操作コマンド
- ファイルの先頭のみの表示は head、末尾のみの表示は tail を使う。
- ファイル内容の並べ替えは sort、指定した部分の切り出しは cut を使う。

◉ ファイルの圧縮/展開

複数のファイルを1つのファイルとして圧縮したり、圧縮したファイルを複数のファイルへ展開（解凍）することができる。圧縮されたファイルを**アーカイブ・ファイル**と呼ぶ。また、アーカイブ・ファイルを作ることを**アーカイブの作成**、アーカイブ・ファイルを複数のファイルへ展開することを**アーカイブの展開**と言う。

● アーカイブを作成する／展開する

tarコマンドは、アーカイブの作成や、アーカイブの展開をするコマンドである。

なお、tarコマンドではオプションを指定することで、アーカイブファイルの作成と同時に、圧縮も行うことができる[※]。

■ tarコマンド

書式	説明
① tar [オプション] [アーカイブ名] [対象ファイル]	複数のファイルを1つにまとめたアーカイブファイルを作成する
② tar [オプション] [アーカイブ名]	複数のファイルを1つにまとめたアーカイブファイルを展開する

主なオプション	説明
-f	アーカイブファイルの名前を指定する
-v	アーカイブ処理の詳細を表示する
-c	アーカイブを作成する
-x	アーカイブを展開する
-t	アーカイブの内容を表示する
-z	gzip形式で圧縮・展開する
-j	bzip2形式で圧縮・展開する
-J	xz形式で圧縮・展開する

例

touchコマンドで3つのファイルを作成し、lsコマンドで確認する。その後、tarコマンドで-cvfオプションを指定し、アーカイブ「file.tar」を作成する。

$ tar -cvf file.tar a.txt b.txt c.txt

```
[mako@linux00 ~]$ touch a.txt b.txt c.txt
[mako@linux00 ~]$ ls
a.txt  b.txt  c.txt
[mako@linux00 ~]$ tar -cvf file.tar a.txt b.txt c.txt
a.txt
b.txt
c.txt
[mako@linux00 ~]$ ls
a.txt  b.txt  c.txt  file.tar
```

※ **圧縮も行うことができる**……データの圧縮形式にはgzipやbzip2、xzなどがあるが、tarコマンドで圧縮形式のアーカイブを作成する場合は、慣例的に次の拡張子を用いる。
・gzip→.tar.gz、.tgz　・bzip2→.tar.bz2　・xz→.tar.xz

touchコマンドとlsコマンドについては、6-1節「ディレクトリとファイルの操作」で詳しく解説する。

> 作成した3つのファイルをrmコマンドで削除してから、tarコマンドで-xvfオプションを指定し、アーカイブを展開する。
>
> 例
>
> ## $ tar -xvf file.tar a.txt b.txt c.txt

なお、rmコマンドについては、6-1節「ディレクトリとファイルの操作」で解説する。

> tarコマンドで-zcvfオプションを指定し、複数ファイルのアーカイブ「file2.tgz」をgzipの圧縮形式で作成する。その後、lsコマンドで-lオプションを指定してファイルの詳細な情報を参照し、「file.tar」よりも「file2.tgz」の方がサイズが小さいことを確認する。
>
> ## $ tar -zcvf file2.tgz a.txt b.txt c.txt
>
> 例

● その他のコマンドでアーカイブを作成する / 展開する

gzipコマンド、bzip2コマンド、xzコマンド、zipコマンドなどでも圧縮・展開が可能である。

注意すべき点として、zipコマンドは単体で複数のファイルとディレクトリを

指定できるのに対して、gzipコマンド、bzip2コマンド、xzコマンドはファイル
のみを対象としている。そのため、複数ファイルを指定する場合、zipコマンド
はtarコマンド併用する必要はないが、それ以外のコマンドについてはtarコマン
ドと併用する必要がある。

■ 圧縮・展開コマンド一覧[※]

圧縮	展開	説明
gzip	gunzip	ファイルをgz形式で圧縮・展開する
bzip2	bunzip2	ファイルをbz2形式で圧縮・展開する
xz	unxz	ファイルをxz形式で圧縮・展開する
zip	unzip	ファイル・ディレクトリをzip形式で圧縮・展開する

⦿ ファイル内容の確認(参照)

ファイルの内容を参照する方法を紹介する。使用できるコマンドは複数あるが、
それぞれ表示方法が異なるので、場面によって使い分ける必要がある。

● ファイルの内容を表示する

テキストファイルの内容を確認する代表的なコマンドに、**cat**コマンドがある。
ただし、正確に言うと、catコマンドは、内容を標準出力に出力するコマンドで
ある。そのため、複数のファイルを引数として指定することで、それらを連結し
て表示させることができる。

■ catコマンド

書式	説明
cat [オプション] [ファイル名]	ファイルの内容を表示する

主なオプション	説明
-n	行番号を付け加えて表示する
-s	連続した空白行を1行にまとめる

※ 圧縮・展開コマンド一覧……圧縮と展開で、別のコマンドを用いる。

例

catコマンドで、test1ファイルを参照する。

$ cat txt01

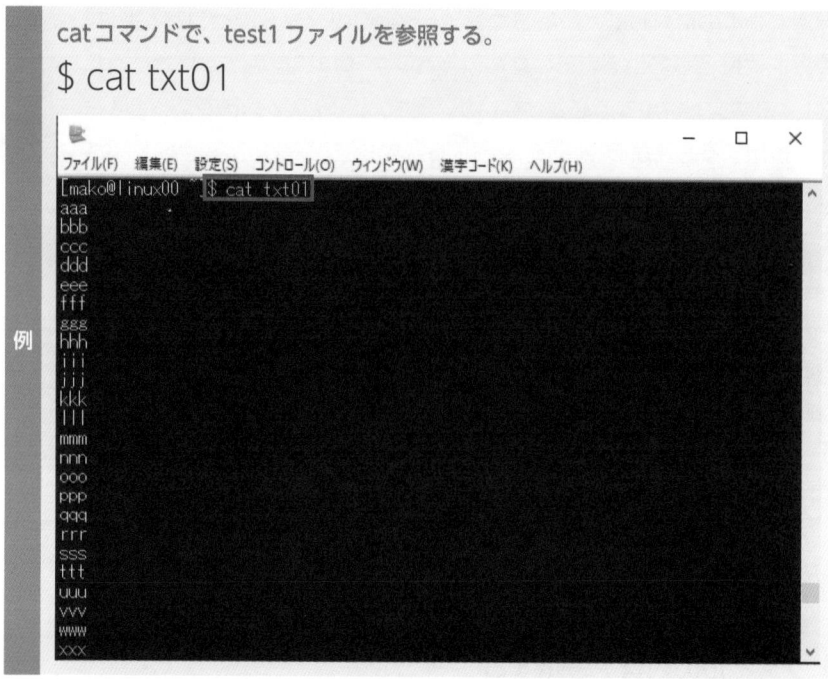

● ファイルの内容をページ（画面）ごとに表示する

ファイルの内容を、一画面に収まるように区切って表示するには、**more**コマンド、または**less**コマンドを使用する。

なお、lessコマンドは、moreコマンドを拡張したものであるが、こうした種類のコマンドを総称して**ページャ**と言う。

■ moreコマンド

書式	説明
more [オプション][ファイル名]	ファイルの内容をページ（画面）ごとに表示する

主なオプション	説明
-s	連続した空白行を1行にまとめる
-数値	1ページに表示する行数を数値で指定する
+数値	数値で指定した行から表示する

more コマンドでファイルを表示させる（画面が切り替わり、ファイル全体に対する表示割合がパーセントで表示される）。

例

■ lessコマンド

書式	説明
less [オプション][ファイル名]	ファイルの内容をページ（画面）ごとに表示する

主なオプション	説明
-s	連続した空白行を1行にまとめる
-N	行頭に行番号を表示する

lessコマンドで、ファイルの内容をページごとに表示する（ファイル内容と、最下部に参照しているファイル名が表示される）。

例

● リダイレクトする

今まで説明したファイルを参照するコマンドは、内容を画面に表示するものである。ただし、場合によっては、ファイルの内容を、画面ではなく、ファイルに出力したいケースもある。

また、入力についても同様で、キーボードからではなく、ファイルから取り込みたい要望もあるが、そのような場合は、**リダイレクト**という機能を使用する。

下の表の演算子は、リダイレクトを利用するために用意されているものである。

■ リダイレクト一覧

演算子	説明
<	標準入力（通常はキーボード）の代わりに、入力をファイルから取り込む
<<	任意の終了文字が現れるまで、標準入力へ送る
>	標準出力（通常は端末画面）をファイルに送る
>>	標準出力をファイルに追記（アペンド）する
2>	標準エラー出力（エラーメッセージを送るためのもので、通常は端末画面）の出力先を指定する
2>&1	標準エラー出力の出力先を、標準出力の出力先と一緒にする

catコマンドでtxt01とtxt02の複数ファイルを参照し、その出力結果を別ファイルのtxt03ファイルに上書き出力する。

$ cat txt01 txt02 > txt03

catコマンドでtxt01ファイルを参照し、その出力結果をtxt02ファイルに追記出力する。

$ cat txt01 >> txt02

catコマンドでtxt01ファイルを読み込ませ、その内容を標準出力(画面表示)する(実行結果は、単にファイル名を引数指定した場合と同様である)。

$ cat < txt01

終了文字の「bye」が出現するまで、標準入力から入力を受け付け、その内容を標準出力に出力する。

$ cat << bye

> **例**
>
> 意図的に、存在しないtxt03ファイルをcatで開き、出力されたエラーメッセージをerror-txtファイルに出力する。
>
> $ cat txt03 2> error-txt

```
ファイル(F) 編集(E) 設定(S) コントロール(O) ウィンドウ(W) 漢字コード(K) ヘルプ(H)
[mako@linux00 ~]$ cat txt03 2> error-txt
[mako@linux00 ~]$ cat error-txt
cat: txt03: そのようなファイルやディレクトリはありません
[mako@linux00 ~]$
```

⊙ ファイルの検索

ファイルを検索する場合、いくつかのコマンドを使うことができる。

● ファイルやディレクトリを検索する

ファイルやディレクトリを検索するには、**find**コマンドを使用する。名前で検索するケースが多いが、属性（ファイル・ディレクトリなど）や更新時刻、パーミッション[※]など、様々な条件で検索することができる。

注意点として、ルートディレクトリ「/」から検索した場合、不必要なディレクトリまで再帰的[※]に検索するため、コンピュータに多大な負荷がかかる上、結果が表示されるまで長く待たされる。よって、あらかじめ、どの辺にあるのか当たりを付けた上で、下位の階層から検索するようにしたい。

■ findコマンド

書式	説明
find [探索開始点] [検索式] [アクション]	ファイル名やディレクトリ名、ファイルの種類や更新日等、様々な条件で検索する

検索式	説明
-name <ファイル名>	ファイル名で検索する
-mtime <日数>	ファイルの最終更新日時で検索する
-type f	検索対象をファイルにする
-type d	検索対象をディレクトリにする
アクション	**説明**
-print	検索結果を区切って表示する（省略可能）

※ **パーミッション**……ファイルやディレクトリに設定されたアクセス権のこと。6-2節「パーミッション」を参照。
※ **再帰的**……階層構造を掘り下げること。

> **例**
> findコマンドで/var配下のmessagesというファイル名を検索する（検索結果には、/var/logディレクトリ配下に存在するmessagesファイルが表示される）。
>
> # find /var -name messages -print

```
ファイル(F)  編集(E)  設定(S)  コントロール(O)  ウィンドウ(W)  漢字コード(K)  ヘルプ(H)      −  □  ×
[root@linux00 mako]# find /var -name messages -print
/var/log/messages
[root@linux00 mako]#
```

● ファイルを検索する／データベースを更新する

ファイルを探すコマンドとしては、findコマンドのほかに、**locate**コマンドも用意されている。

■ locateコマンド

書式	説明
locate [オプション] ファイル名	ファイルを検索する

主なオプション	説明
-d パス	データベースの位置を指定する

locateコマンドはfindコマンドの簡易版といった趣向で、高速に動作するが、あらかじめlocateデータベースと呼ばれるファイルに、ファイルのリストが記録されている必要がある。

こうした仕組みゆえ、作成したばかりのファイルは検索できないので、**updatedb**コマンドを使用して、必要に応じてリストファイルを更新しておく必要がある。

■ updatedbコマンド

書式	説明
updatedb	locateデータベースを更新する

> **例**
> updatedbコマンドで、locateデータベースを更新する。
>
> $ updatedb

● 検索結果を絞り込む

検索結果を絞り込むには、**grep**コマンドを使用する。grepコマンドは、テキストファイルの内容を検索し、指定した文字列にマッチする行があれば表示することができる。

■ grepコマンド

書式	説明
grep [オプション] [検索パターン] [ファイル名]	指定した文字が含まれている行を抽出する

主なオプション	説明
-i	大文字と小文字を区別しない
-e	一致処理に指定した正規表現（or検索のための複数指定）
-v	指定したパターンにマッチしない行を抽出（逆論理）

grepコマンドを使って、/var/log/messagesファイルから10時30分台のログのみを抽出する。

grep "10:3[0-9]:[0-5][0-9]" /var/log/messages

例

⦿ 正規表現やパイプを使った検索

ファイルやディレクトリを検索する場合は、特別な方法を用いると効率的である。

● 正規表現で検索する

　ファイルやディレクトリを検索する際には、**正規表現**を使用することができる。正規表現は、特別な意味を持つメタ文字を使用して、さまざまな文字列のパターンを表現する方法である。

　詳しい説明は専門の文献に譲るが、例えば、

```
abc.txt
qrs.txt
xyz.txt
```

といったパターンを正規表現で指定すると、「"[a-z][a-z][a-z]￥.txt"」という記述になる。これの意味するところは、「アルファベットの小文字（a-z）が3つ連なり、".txt"で終わる」という意味になる。

　また、「.」（ドット）の前に「￥」があるのは、メタ文字である「.」の意味を打ち消すという意味になり、これがないと、たとえば"ijkptxt"といったパターンにもマッチすることになる。

　正規表現には、「標準正規表現」と「拡張正規表現」が存在し、それぞれ表現方法が異なり、grepコマンド等では拡張正規表現を使用する場合、「-E」オプションの付与が必要になる。

■ 正規表現のメタ文字

正規表現	説明	使用例	使用例の意味
*	直前の文字の0回以上の繰り返しにマッチする	.*	任意の文字列
.	任意の1文字にマッチする	t..	tから始まる3文字
[]	[]内の任意の1文字にマッチする	[abc]	a,b,cのいずれか1文字
^	行頭にマッチする	^t	tから始まる行
$	行末にマッチする	t$	tで終わる行
￥	直後に続く1文字を通常の文字列として扱う	￥$	$という文字

　なお、正規表現と混同しやすいものに、**ワイルドカード**[※]がある。ワイルドカードも、ファイルやディレクトリの名前をパターン指定する方法ではあるが、「*」のようなメタ文字の意味合いが、正規表現のそれと異なるため、注意してほしい。

※ **ワイルドカード**……Linuxでは、パターン指定をグロビング（globbing）、もくはグロブと呼ぶ。

■ ワイルドカード

種類	説明	使用例	使用例の意味
*	長さ0文字以上の連続した任意の文字列にマッチする	a*	aから始まる文字列
?	任意の1文字にマッチする	a?	aから始まる2文字の文字列
[]	文字の範囲あるいはクラスにマッチする	[1a5]	1、a、5を含む文字列
		[1-3]	1～3を含む文字例

● パイプで検索する

「|」(パイプ)を使用すると、あるコマンド (プロセス)の実行結果を別のコマンドへ受け渡し、そのコマンドで処理することができる。

なお、プロセスとは、実行中のプログラムのことである。

lsコマンドで、「.conf」という拡張子が付くファイルを一覧で表示し、それが何個あるか数える(wcコマンドは、84ページを参照)。

例
$ ls -la /etc/*.conf | wc -l

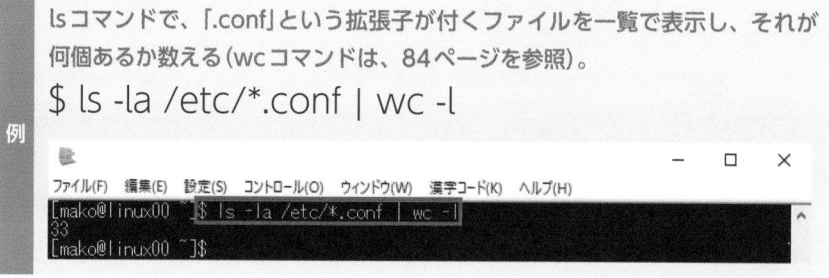

なお、lsコマンドについては、6-1節「ディレクトリとファイルの操作」で詳しく解説する。

◉ その他のファイル操作コマンド

この章で紹介したコマンド以外に、ファイル内容の参照や検索に使用するコマンドを紹介する。

● ファイルの先頭のみを表示する

特にサイズが大きいファイルなど、先頭のみを確認したい時には、**head**コマンドを使用する。任意の行数を指定できるが、特に指定しなかった場合は、10行のみ表示する。

■ headコマンド

書式	説明
head [-行数] [ファイル名]	ファイルの先頭を表示する

headコマンドで、/etc/passwdファイルの先頭の5行のみ表示する。

$ head -5 /etc/passwd

例

```
[mako@linux00 ~]$ head -5 /etc/passwd
root:x:0:0:root:/root:/bin/bash
bin:x:1:1:bin:/bin:/sbin/nologin
daemon:x:2:2:daemon:/sbin:/sbin/nologin
adm:x:3:4:adm:/var/adm:/sbin/nologin
lp:x:4:7:lp:/var/spool/lpd:/sbin/nologin
[mako@linux00 ~]$
```

confファイルから、空行とコメント行を取り除き、有効行のみを表示する（最初にファイルの先頭を表示し、ファイルフォーマットを覗き見た後、抽出している）。

head -5 /etc/xattr.conf

例

```
[root@linux00 mako]# head -5 /etc/xattr.conf
# /etc/xattr.conf
#
# Format:
# <pattern> <action>
#
[root@linux00 mako]#
```

● ファイルの末尾のみを表示する

前述のheadコマンドと逆に、ファイルの末尾を表示したい時は、**tail**コマンドを使用する。headコマンドと同様に、行数を指定しない場合は、末尾の10行を表示する。

なお、tailコマンドは、表示すべきファイル位置まで空読みするので、巨大なファイルを処理した場合は、結果が表示されるまでに時間がかかることがある。

■ tailコマンド

書式	説明
tail [オプション] [-行数] [ファイル名]	ファイルの末尾を表示する

主なオプション	説明
オプションなし	ファイルの末尾を表示する
-f	リアルタイムでファイルを表示する(ファイルへの追記を監視する)

例

tailコマンドで、test1ファイルの末尾の5行のみ表示する。

$ tail -5 test1

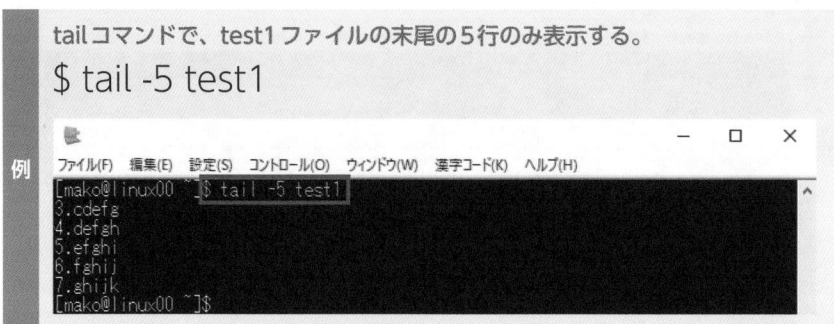

● ファイルの内容の並べ替える

ファイルの内容を並べ替えるには、**sort**コマンドを使用する。

■ sortコマンド

書式	説明
sort [オプション][ファイル名]	ファイルの内容を行単位に並べ替え(ソート)する

主なオプション	説明
オプションなし	データを昇順に並べ替える
-n	データを数値として並べ替える
-r	データを降順に並べ替える

sortコマンドで、test1 ファイルの内容を行単位で昇順にソートする。

$ sort test1

```
[mako@linux00 ~]$ cat test1
4.defgh
3.cdefg
2.defgh
1.abcde
5.efghi
[mako@linux00 ~]$ sort test1
1.abcde
2.defgh
3.cdefg
4.defgh
5.efghi
[mako@linux00 ~]$
```

例

● 行から指定した部分を切り出す

ファイルを読み込み、それぞれの行から指定した部分だけを切り出すには、cutコマンドを使用する。

■ cutコマンド

書式	説明
cut [オプション] [ファイル名]	テキストの行から固定行、またはフィールド単位で指定した部分だけを切り出す

主なオプション	説明
オプションなし	指定した部分を切り出す
-d	デリミタ(区切り文字)を指定する
-f	必要な項目を項目番号ないしは項目範囲で指定する

cutコマンドで-dオプションを指定してデリミタを「:」にした上で、「-f1,7」で
1番目(ユーザー名)と7番目(ログインシェル※)のフィールドを抽出する。

$ cut -d: -f1,7 /etc/passwd

例

```
[mako@linux00 ~]$ cut -d: -f1,7 /etc/passwd
root:/bin/bash
bin:/sbin/nologin
daemon:/sbin/nologin
adm:/sbin/nologin
lp:/sbin/nologin
sync:/bin/sync
shutdown:/sbin/shutdown
halt:/sbin/halt
mail:/sbin/nologin
operator:/sbin/nologin
games:/sbin/nologin
ftp:/sbin/nologin
nobody:/sbin/nologin
dbus:/sbin/nologin
systemd-network:/usr/sbin/nologin
systemd-oom:/usr/sbin/nologin
systemd-resolve:/usr/sbin/nologin
systemd-timesync:/usr/sbin/nologin
systemd-coredump:/usr/sbin/nologin
polkitd:/sbin/nologin
rpc:/sbin/nologin
cockpit-ws:/sbin/nologin
cockpit-wsinstance:/sbin/nologin
tss:/sbin/nologin
```

● テキストファイルの文字数や行数を表示する

テキストファイルの文字数や行数を表示するには、wcコマンドを使用する。

■ wcコマンド

書式	説明
WC [オプション] [ファイル名]	テキストファイルの行数、単語数、バイト数を表示する

主なオプション	説明
オプションなし	行数・単語数・バイト数を表示する
-c	バイト数を出力する
-m	文字数を出力する
-l	改行の数を出力する
-w	単語数を出力する

※ **ログインシェル**……シェルは、ユーザーとカーネルをつなぐインターフェースで、ログインシェルはログインして最初に動き出すシェルのこと。10-1節「シェルの役割」を参照。

wcコマンドで、test3ファイルの行数、単語数、バイト数を表示した後、-m
オプション※を指定して、文字数も表示させる。

$ wc test3

例

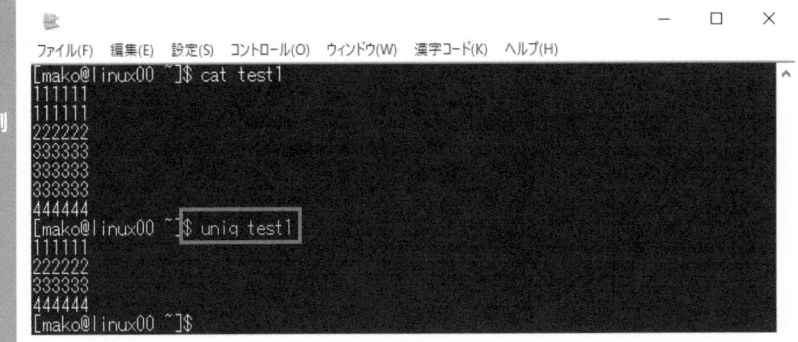

● 重複行をまとめて1行で表示する

連続した同一行(重複行)をまとめて1行で表示するには、uniqコマンドを使用す
る。ただし、重複を検出するためには、行が連続している必要がある。このため、実
際の使用においては、「|」(パイプ)でsortコマンドとつないで使われることが多い。

■ uniqコマンド

書式	説明
uniq [ファイル名]	連続して重複した行を1行にまとめて表示する

uniqコマンドで、test1ファイルの内容の重複をまとめて表示する。

$ uniq test1

例

※ -mオプション……日本語を含んだテキストの文字数を計数するには、-mオプションを用いる。ただし、
-mオプションで数えた文字数には、改行コードは含まない。

練習問題

「Ping-t 最強WEB問題集 Linux Essentials（Ver1.6）」より出題！

1 現在システムへログインしているユーザーをリスト表示するコマンドはどれか。
（問題ID：2923）

(a) id

(b) list

(c) last

(d) groups

(e) who

2 tarコマンドにおいて、xz形式で圧縮・展開するオプションはどれか。（問題ID：2778）

(a) -J

(b) -j

(c) -z

(d) -v

(e) -x

3 終了文字が現れるまでに入力した内容を標準入力へ送るリダイレクト演算子はどれか。（問題ID：2816）

(a) <

(b) >

(c) 2>

(d) <<

(e) >>

正解　**1** (e)　**2** (a)　**3** (d)

86

第 **4** 章

ハードウェアと
ソフトウェア・パッケージ
【知識】

Linux Essentials試験では、コンピュータを構成する機器の総称であるハードウェアについての知識と、実際にアプリケーションのインストールを行う際の知識も必要となる。第4章では、ハードウェアやパッケージ管理ツールなどについて説明する。

■ keyword
- □ ハードウェア
- □ デバイスドライバ
- □ パーティション
- □ パッケージ管理ツール

1 ハードウェア

重要度 ★★★★

実務において、CPUやメモリなど、それぞれのハードウェアの役割を知っておくことは非常に重要である。この節では、ハードウェアや機器を接続するインターフェースなどについて説明する。

☑ Point

◆ マザーボード

- マザーボードは、CPUやメモリなどの主要部品や各種周辺機器などを接続するための基板である。メインボードやシステムボードとも呼ばれ、コンピュータを構成する主要なパーツである。

◆ CPU

- CPUはコンピュータの頭脳にあたり、制御や演算を行う。

◆ メモリ

- メモリは、RAMとも呼ばれ、作業用のためにプログラムとデータを一時的に記憶するためのパーツである。プログラムとデータは、それぞれメモリ上に読み込まれて実行される。
- RAMは書き換えが可能で、電源を切ると内容が失われることから、揮発性メモリと呼ばれる。

◆ ハードディスク

- ハードディスクは、プログラムやデータを格納するために使用される装置である。

◆ 記憶装置を接続するインターフェース

- ハードディスクやソリッドステートドライブを接続するインターフェースの現在の主流は、SATAとSASである。

◆ デバイスドライバ

- コンピュータの各装置や部品のことをデバイスと言い、デバイスを動作させるためのソフトウェアをデバイスドライバと言う。

⊙ 各パーツの役割

　ハードウェアを理解する上で、各パーツの役割を知ることは非常に重要である。これから解説するパーツは、すべてマザーボード上で接続されている。

　各パーツの概要は、次ページの通り（次の図を参照）。

■ **各パーツの役割概要**

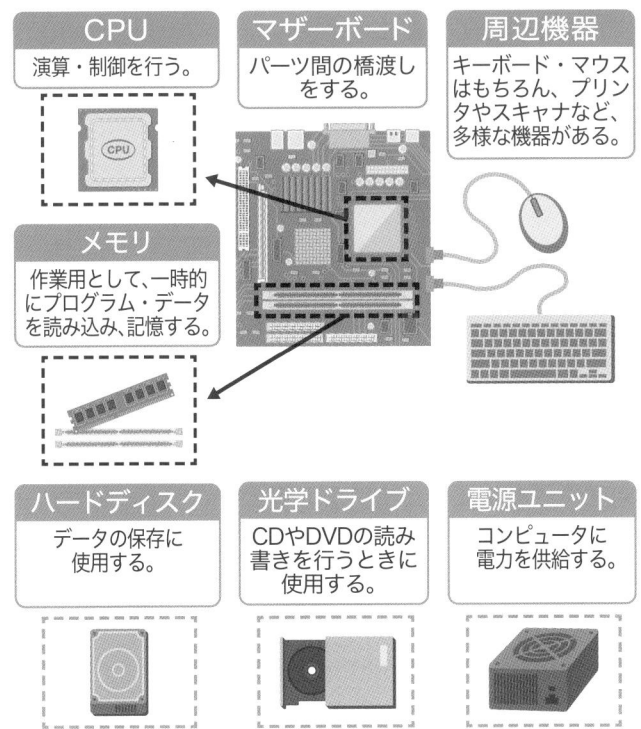

◉ マザーボード

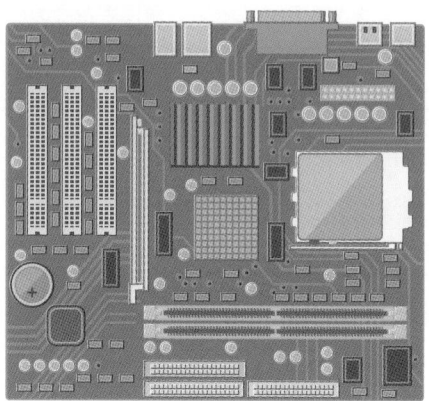

　マザーボード(Motherboard)とは、CPUやメモリなどの主要パーツや、各種の周辺機器を接続する基板である。メインボードやシステムボードとも呼ばれる。

　マザーボードには、**BIOS**※や**UEFI**※というプログラムが搭載され、接続されているCPU・メモリ・ディスク装置などのハードウェアを、OSが使用できるように前準備を行う。

◉ CPU

　CPU(Central Processing Unit)は中央演算装置とも呼ばれる。コンピュータにおいて中心的な役割を担うパーツであることから、頭脳に例えられる※ことが多い。

　CPUの性能を左右する要素には、クロック数とコア数がある。クロック数はCPUが処理を行う早さを、コア数は同時に並列処理できる数を表す。したがって、

※ **BIOS**……Basic Input/Output Systemの略。マザーボード上のROMに搭載されている、電源投入時に実行されるプログラムのこと。
※ **UEFI**……Unified Extensible Firmware Interfaceの略。コンピュータ内の各パーツを制御するファームウェアとOSの間の通信仕様を定めた標準規格の1つ。
※ **頭脳に例えられる**……CPUのほかにも、グラフィック表示を処理する演算装置(Graphics Processing Unit：GPU)があり、CPUと一体化している場合も多い。

クロック数とコア数は、CPUの価格に比例する。

⊙ メモリ

　メモリ (Memory) とは主記憶装置のことであり、CPUによって実行されるプログラムやデータをハードディスクから読み出し、メモリ上に配置される。

　メモリはよく作業机に例えられる。机が広いほど本や道具を置けるため、仕事の能率が上がる。同様に、メモリの容量が大きくなれば、いちどに多くのデータを配置できるので、結果として処理速度が向上する。

　なお、メモリといえば通常は物理的な**RAM**を (Random Access Memory) 指すが、**ROM** (Read Only Memory) という読み出し専用の不揮発性メモリもある。こちらはRAMと用途が異なり、例えば前述のBIOSなど、ユーザーが変更する必要のないデータをあらかじめ記録しておくために使用される。

■ メモリの体系図

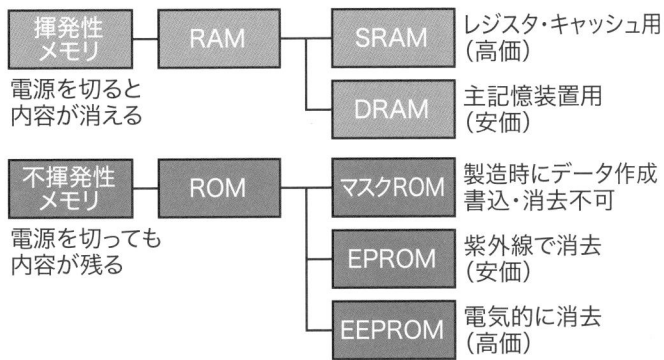

　なお、Linuxには上記の物理メモリのほかに、ハードディスクを利用した**スワップ**[※]と呼ばれる仮想メモリがある。スワップは、利用可能なRAMがなくなった時に使用される。

※ **スワップ**……9-3節「プロセスの管理」を参照。

◉ 電源ユニット

　電源ユニット (Power Supply Unit：PSU) は、コンピュータに電力を供給する
機器である。コンピュータは、家庭用の交流電源をそのままでは利用できないの
で、低圧にしてから直流に変換し (整流)、マザーボード、CPU、ハードディスク
などの各種パーツに供給する。主要な性能指標は供給可能な電力容量(ワット数)
であるが、他にも寿命や静音機能などでも製品の差別化が図られている。
　大きさや形状によって規格が決められており、ATX電源※、SFX電源※などが一
般的に使用されている。

◉ 光学ドライブ

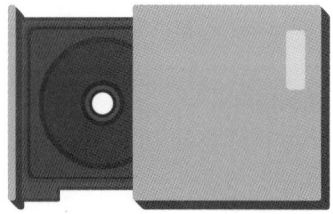

　光学ドライブ (Optical Drive) とは、CD、DVD、BD (ブルーレイディスク)な
どの光学ディスクを読み書きできるドライブのことである。
　光学メディアには、記録の可否により、次ページの表のような分類できる。

※ **ATX電源**……ATX は、Advanced Technology eXtendedの略。デスクトップパソコンで使われるスタ
　ンダードな電源ユニット。
※ **SFX電源**……SFX は、Small Form Factorの略。小型パソコン用のMicroATX規格に対応した小型の電
　源ユニット。

■ 光学メディアの分類

■ 光学メディアの分類

分類	説明
読み込み専用	データ読み出し専用
ライトワンス	1度だけデータの書き込みが可能
リライタブル	複数回の読み書きができるメディア

⦿ ハードディスク

　ハードディスク (Hard Disk Drive：HDD)は補助記憶装置の一種で、プログラムをはじめとする様々なデータをファイルの形で保管しておく機器である。よく本棚に例えられ、必要に応じて取り出し・格納ができる。

　記憶装置の中では記憶容量も大きく、読み書きの速度も早いが、その割に安価なので、ほとんどすべてのコンピュータに使用されてきた。しかし、近年は、後述するソリッドステートドライブの普及により、個人用パソコンについては徐々に置き換えが進んでいる。

⦿ ソリッドステートドライブ

　ソリッドステートドライブ (Solid State Drive：SSD)はハードディスクと同様に、補助記憶装置の一種であり、ハードディスクの代替として使われる。半導体

メモリで構成されているため、ハードディスクよりも高速なアクセスが可能で、発熱が少なく省電力である。また、ハードディスクドライブのようなモーターなどの稼働パーツがないため、静かで振動や衝撃にも強い。ハードディスクと比べて、記憶容量あたりの価格が高価であるが、普及するにしたがって近年は低価格化が進んでいる。

なお、ソリッドステートドライブとハードディスクはインターフェースが共通であるため、双方を交換するには単に差し替えればよい。

◉ 記憶装置を接続するインターフェース

ハードディスクやソリッドステートドライブなどの記憶装置を接続するインターフェースには、いくつかの規格が存在する。現在の主流は、**SATA**と**SAS**である。

● SATA

SATA (Serial Advanced Technology Attachment：サタ)は現在、もっとも普及しているインターフェースである。高速転送を低価格で実現しており、ほとんどすべてのパソコンに採用されている。

● SAS

SAS (Serial Attached SCSI：サス)は、後述のSCSIに代わり、主にサーバー用途で使用されている。

また、かつて使われていたインターフェースとして、次のような規格があった。

● SASI

SASI (Shugart Associates System Interface：サジー)は、1970年代後半に設計され、1981年に発表されたSCSIの原型になった。ハードディスク専用であり、40MBのハードディスクを2台まで接続できた。現在はまったく使用されていない。

● SCSI

SCSI (Small Computer System Interface：スカジー) は、古くからある最も一般的な汎用インターフェースである。主にサーバー用途に使用されてきたが、2000年頃からSASに置き換わっており、現在販売される機器に使われることはない。

● IDE

IDE (Integrated Drive Electronics：アイディーイー) は、かつてのパソコンに採用されたインターフェースである。1990年代から2000年代中頃まで使われ、1994年にはANSI (American National Standards Institute：米国国家規格協会) がIDEを標準化してATA (AT Attachment) とした。しかし、2000年代には後継規格であるSATAが登場し、徐々に置き換えが進行。現在はほとんど見かけなくなった。

◉ 周辺機器

周辺機器とは、コンピュータ本体に接続して使用する機器である。本体内部に組み込むものと、外部からケーブルで接続するものがあるが、いずれも単体では利用できないものが多い。

主な周辺機器として、マウスやキーボード、ディスプレイ (モニタ)、スピーカー、プリンタ、スキャナ、ハードディスク、ソリッドステートドライブ、USBメモリなどが挙げられる。

第4章 ハードウェアとソフトウェア・パッケージ【知識】

⊙ デバイスドライバ

　コンピュータの各装置や部品のことをデバイスといい、デバイスを動作させるためのソフトウェアを**デバイスドライバ**(device driver)またはドライバ(driver)と言う。デバイスドライバは、カーネルにあらかじめ含まれているか、カーネルモジュール(カーネルの一機能)として提供されている。

　そのため、キーボードやマウスなどの基本的な周辺装置については、あらかじめOSにデバイスドライバが組み込まれており、これを標準ドライバと言う。一方、OS側に用意されていない機器については、製品付属のデバイスドライバを使用するなど、別途用意する必要がある。

2 パーティション

※本節は試験範囲外ながら、実務で必要となるために記載

重要度 ★★★★

ハードディスクは、複数の領域（パーティション）に分割して利用するのが一般的である。この節では、パーテーションの仕組みと、その操作などについて説明する。

☑ Point

◆ パーティション
- パーティションとは、ハードディスク内で論理的に区切られた領域のことである。
- 基本パーティションと拡張パーティションの2種類がある。

◆ パーティションの操作
- パーティションの操作は、fdisk や gdisk、parted を使う。

◉ パーティション

Linuxではハードディスクなどの記憶装置を論理的に分割して利用するが、この分割された領域を**パーティション**と呼び（次ページの図を参照）、パーティションに分割する作業をパーティショニングと言う。

パーティションに分割する目的は、データの安全性や、システムの可用性を高めることことである。例えば、システム用とデータ用に分割することで、それぞれを別個にバックアップできるほか、万一の際には復旧しやすくなる。

パーティションを管理する方式には、大きく2つの方式がある。**MBR** (Master Boot Record)と**GPT** (GUID Partition Table)がそれである。ハードディスクの大容量化など時代の変化に伴い、現在ではGPT方式によるパーティション分割が主流である。

MBRは1980年代初頭から使われてきたが、パーティションを4つ※までしか作成することができず、また1つのパーティションのサイズは、2TiB（2テビバイ

※ **4つ**……4つより多くのパーティションを作成するには、どこか1つのパーティションをさらに分割して対応する。この時、元のパーティションを拡張パーティションと言い、それをさらに分割してできたパーティションを、論理パーティションと呼ぶ。

ト。1TiBは、2の40乗バイト）までに制限されている。

　これに対してGPTパーティションであれば、サイズは無制限で、パーティション数は128まで作成できる。

　パーティションの情報は、**パーティションテーブル**という領域に格納される。パーティションテーブルは、ハードディスクの物理的な先頭部分に書き込まれ、OSの起動時に読み込まれることで、それぞれ干渉することなく、独立した領域として扱うことができる。

■ パーティションのイメージ

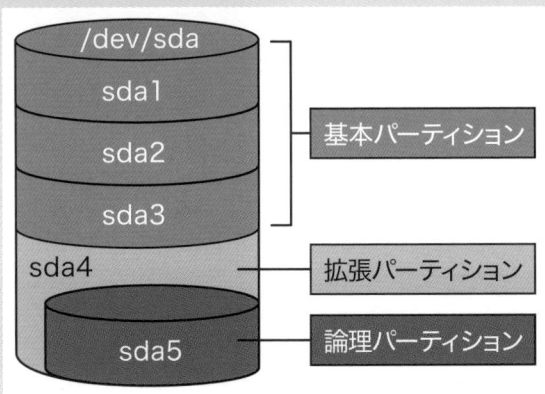

◉パーティションの操作

　パーティションの操作は、**fdisk**コマンド、**gdisk**コマンド、**parted**コマンドで行う。

■ fdiskコマンド

書式	説明
fdisk[デバイスファイル名]	MBRでパーティションの操作を行う

■ gdiskコマンド

書式	説明
gdisk [デバイスファイル名]	GPTでパーティションの操作を行う

■ partedコマンド

書式	説明
parted [デバイスファイル名]	MBR・GPTのどちらでもパーティションの操作を行える

OnePoint　/dev/sd*

　Linuxでは、ハードディスクのデバイスファイル名は「/dev/sd*」(*はa〜z)のように認識される。1台目のディスクは「/dev/sda」と認識され、さらにハードディスクがあれば、それぞれ「/dev/sdb」「/dev/sdc」のように割り当てられる。

　ハードディスクにパーティションを作成すると、ハードディスクのデバイス名に1から始まる数字が割り当てられる。具体的には、「/dev/sda」にパーティションを作成すると「/dev/sda1」「/dev/sda2」となる。また、MBR論理パーティションには5以降の数字が振られる。

3 パッケージの管理

重要度 ★★★★

Linuxでは、ソフトウェアのインストールに、パッケージ管理ツールを使用するのが一般的である。この節では、パッケージの役割と種類、管理方法などについて、実行例を示しながら説明する。

☑ *Point*

◆ **ソフトウェアのインストール方法**

- ソフトウェアのインストール方法には、パッケージ管理ツールでインストールする方法と、ソースコードからコンパイル(ソースビルト)する方法の2種類がある。

◆ **パッケージの管理**

- Red Hat系のパッケージはrpm形式で、管理にはrpm、yum、dnfを使う。
- Debian系のパッケージはdeb形式で、管理にはapt、dpkg、apt-getを使う。

◉ ソフトウェアのインストール方法

Linuxでソフトウェアをインストールには、**パッケージ管理ツール**を使用する。なお、ソースコードからコンパイルするソースビルトと呼ばれる方法もあるが、よほどの理由がない限りソースビルトは例外的であり、管理する上でも双方のインストールが混在することは、避けなければならない。

◉ パッケージの管理

通常、ソフトウェアのインストールやアンインストールには、パッケージ管理ツールを使用する。そもそも**パッケージ**とは、ソフトウェアを動作させる上で必要なものをひとまとめにしたファイル群のことであり、パッケージファイルの形式には、Red Hat系とDebian系の2つに大別できる。

パッケージが保存されている場所のことを**リポジトリ**と呼ぶ。自身のコンピュー

タのハードディスク上のこともあるが、通常はインターネット上に配置された外部リポジトリである。

　パッケージ管理ツールは、パッケージの依存関係を自動で解決する機能がある。つまり、あるパッケージの動作に、別のパッケージが必要であるような場合、それを自動的に検出し、インストールを促す。

● Red Hat系のパッケージ管理

　Red Hat系のパッケージは**rpm形式**であり、rpmコマンド、yumコマンド、dnfコマンドを使用して管理する。

❶ rpmコマンド

　rpmコマンドは主として、パッケージのインストールやアンインストールなどを行う。したがって、通常のインストール作業においては、後述するyumコマンドやdnfコマンドを使用することが望ましい。

■ rpmコマンド

書式	説明
rpm [オプション] [その他オプション][パッケージ名]	rpmパッケージを管理する

主なオプション	説明
-qi [パッケージ名]	指定したパッケージの情報を表示する
-ivh [パッケージ名]	指定したパッケージをインストールする
-Uvh [パッケージ名]	指定したパッケージをアップグレードする
-evh [パッケージ名]	指定したパッケージをアンインストールする

❷ yumコマンド・dnfコマンド

　一方の**yum**コマンドや、その後継の**dnf**コマンドは、リポジトリに登録されたパッケージ群のインストールやアンインストールを行い、パッケージ間の依存関係や衝突などを解決することができる。つまり、あるソフトウェアを使用するために、複数のパッケージが必要となる場合、それを検出して同時にインストールすることができる。

■ yumコマンド

書式	説明
yum [サブコマンド] [パッケージ名]	パッケージの操作・管理を行う

サブコマンド	説明
list	利用可能なパッケージのリスト一覧を表示する
info [パッケージ名]	指定したパッケージの情報を表示する
install [パッケージ名]	指定したパッケージをインストールする
update [パッケージ名]	指定したパッケージをアップグレードする
remove [パッケージ名] またはerase [パッケージ名]	指定したパッケージをアンインストールする

> 例
> yumコマンドでinstallサブコマンドを指定し、Webアプリケーション (Apache)をインストールする。
>
> # yum install httpd

①「yum install httpd」を入力する。

②確認メッセージが表示されるので、「y」を入力する。

③インストールが開始される。

```
(7/11): httpd-tools-2.4.53-1.fc35.x86_64.rpm      999 kB/s |   79 kB   00:00
(8/11): mod_http2-1.15.24-1.fc35.x86_64.rpm       1.9 MB/s |  150 kB   00:00
(9/11): mod_lua-2.4.53-1.fc35.x86_64.rpm          1.2 MB/s |   59 kB   00:00
(10/11): httpd-2.4.53-1.fc35.x86_64.rpm           4.5 MB/s |  1.4 MB   00:00
(11/11): julietaula-montserrat-fonts-7.222-1.fc   5.0 MB/s |  1.6 MB   00:00
--------------------------------------------------------------------------------
合計                                              2.6 MB/s |  3.6 MB   00:01
トランザクションの確認を実行中
トランザクションの確認に成功しました。
トランザクションのテストを実行中
トランザクションのテストに成功しました。
トランザクションを実行中
  準備             :                                                          1/1
  インストール中   : apr-1.7.0-14.fc35.x86_64                                 1/11
  インストール中   : apr-util-bdb-1.6.1-17.fc35.x86_64                        2/11
  インストール中   : apr-util-openssl-1.6.1-17.fc35.x86_64                    3/11
  インストール中   : apr-util-1.6.1-17.fc35.x86_64                            4/11
  インストール中   : httpd-tools-2.4.53-1.fc35.x86_64                         5/11
  インストール中   : julietaula-montserrat-fonts-1:7.222-1.fc35.noarch        6/11
  インストール中   : fedora-logos-httpd-35.0.0-2.fc35.noarch                  7/11
  scriptletの実行中 : httpd-filesystem-2.4.53-1.fc35.noarch                   8/11
useradd warning: apache's uid 48 outside of the SYS_UID_MIN 201 and SYS_UID_MAX
999 range.

  インストール中   : httpd-filesystem-2.4.53-1.fc35.noarch                    8/11
```

④「完了しました！」と表示され、正常にインストールしたことを確認する。

```
  検証             : apr-util-bdb-1.6.1-17.fc35.x86_64                        3/11
  検証             : apr-util-openssl-1.6.1-17.fc35.x86_64                    4/11
  検証             : fedora-logos-httpd-35.0.0-2.fc35.noarch                  5/11
  検証             : httpd-2.4.53-1.fc35.x86_64                               6/11
  検証             : httpd-filesystem-2.4.53-1.fc35.noarch                    7/11
  検証             : httpd-tools-2.4.53-1.fc35.x86_64                         8/11
  検証             : julietaula-montserrat-fonts-1:7.222-1.fc35.noarch        9/11
  検証             : mod_http2-1.15.24-1.fc35.x86_64                         10/11
  検証             : mod_lua-2.4.53-1.fc35.x86_64                            11/11

インストール済み:
  apr-1.7.0-14.fc35.x86_64
  apr-util-1.6.1-17.fc35.x86_64
  apr-util-bdb-1.6.1-17.fc35.x86_64
  apr-util-openssl-1.6.1-17.fc35.x86_64
  fedora-logos-httpd-35.0.0-2.fc35.noarch
  httpd-2.4.53-1.fc35.x86_64
  httpd-filesystem-2.4.53-1.fc35.noarch
  httpd-tools-2.4.53-1.fc35.x86_64
  julietaula-montserrat-fonts-1:7.222-1.fc35.noarch
  mod_http2-1.15.24-1.fc35.x86_64
  mod_lua-2.4.53-1.fc35.x86_64

完了しました!
[root@linuxUU mako]#
```

例 yumコマンドでremoveサブコマンドを指定し、Webアプリケーション
（Apache）をアンインストールする。

$ yum remove httpd

① 「yum remove httpd」を入力する。

② 確認メッセージが表示されるので、「y」を入力する。

③ アンインストールが開始される。

④「完了しました！」と表示され、正常にアンインストールしたことを確認する。

```
検証     : apr-util-bdb-1.6.1-17.fc35.x86_64              3/11
検証     : apr-util-openssl-1.6.1-17.fc35.x86_64          4/11
検証     : fedora-logos-httpd-35.0.0-2.fc35.noarch        5/11
検証     : httpd-2.4.53-1.fc35.x86_64                     6/11
検証     : httpd-filesystem-2.4.53-1.fc35.noarch          7/11
検証     : httpd-tools-2.4.53-1.fc35.x86_64               8/11
検証     : julietaula-montserrat-fonts-1:7.222-1.fc35.noarch  9/11
検証     : mod_http2-1.15.24-1.fc35.x86_64               10/11
検証     : mod_lua-2.4.53-1.fc35.x86_64                  11/11

削除しました:
  apr-1.7.0-14.fc35.x86_64
  apr-util-1.6.1-17.fc35.x86_64
  apr-util-bdb-1.6.1-17.fc35.x86_64
  apr-util-openssl-1.6.1-17.fc35.x86_64
  fedora-logos-httpd-35.0.0-2.fc35.noarch
  httpd-2.4.53-1.fc35.x86_64
  httpd-filesystem-2.4.53-1.fc35.noarch
  httpd-tools-2.4.53-1.fc35.x86_64
  julietaula-montserrat-fonts-1:7.222-1.fc35.noarch
  mod_http2-1.15.24-1.fc35.x86_64
  mod_lua-2.4.53-1.fc35.x86_64

完了しました!
[root@Linux00 mako]#
```

● Debian系のパッケージ管理

Debian系のパッケージは**deb形式**であり、これを扱うコマンドが**apt**コマンドや**dpkg**コマンド、**apt-get**コマンドである。

Red Hat系のrpmコマンドに相当するものがdpkgコマンドであり、yumコマンド・dnfコマンドに相当するものがそれぞれ、apt-getコマンド、aptコマンドである。

■ aptコマンド

書式	説明
apt [オプション] [その他のオプション][パッケージ名]	debパッケージを管理する

主なオプション	説明
-s	テストとして動作確認のみ行う

その他のオプション	説明
list --installed	インストール済パッケージを一覧表示する
install [パッケージ名]	指定したパッケージをインストールする
upgrade [パッケージ名]	指定したパッケージをアップグレードする
remove [パッケージ名]	指定したパッケージをアンインストールする

練習問題

「Ping-t 最強WEB問題集 Linux Essentials（Ver1.6）」より出題！

1 ハードウェアに関する説明のうち、正しいものはどれか。三つ選べ。（問題ID：2655）

 (a) マザーボードはCPUやメモリなどの各種装置を搭載する基板である

 (b) CPUはコンピュータの作業台にあたる部分であり、プログラム処理中のデータ
  などが一時的に保存される場所である

 (c) 光学ドライブではCDやDVDなどのディスクを読み書きすることができる

 (d) 周辺機器にはマウスやディスプレイ、キーボードのほかプリンタ、スキャナな
  どがある

 (e) 電源ユニットからの電力供給が途絶えると、メモリ（主記憶装置）は保持してい
  るデータをすべてハードディスクへ移動させる

2 周辺機器などの装置やハードディスクなどを操作するために、カーネルモジュー
ルとして利用できるプログラムをなんというか。（問題ID：2854）

 (a) HDD

 (b) SSD

 (c) デバイスドライバ

 (d) hda

 (e) fdisk

3 Linux のパッケージについて、正しいものはどれか。二つ選べ。（問題ID：2703）

 (a) パッケージの形式はLinuxで共通の規格に統一されている

 (b) パッケージには、ソフトウェア本体のほかに設定ファイルやマニュアル、ライ
  ブラリなどが含まれる

 (c) パッケージをインストールするには、パッケージに同梱されているインストー
  ラーを起動する

 (d) パッケージにはソフトウェアの本体のみが含まれ、設定ファイルなどは別の
  パッケージで配布されている

 (e) パッケージをインストール・アンインストールするためのツールがある

3 (e) (b) **2** (c) **1** (d) (c) (a)

正解

第 **5** 章

ファイルシステムと
ディレクトリ
【知識】

　　ユーザーがデータのかたまりを「ファイル」として扱うことができるのは、ファイルシステムと呼ばれる仕組みのおかげである。第4章で解説したソフトウェアパッケージのインストールでも「ファイル」が生成されている。第5章では、このファイルシステムやディレクトリの役割、マウントについて説明する。

keyword

□ファイルシステム
□ディレクトリ
□マウント・アンマウント

1 ファイルシステム

記憶装置に記録されたデータを、OSで管理するための機能がファイルシステムである。この節ではファイルシステムの仕組みと役割、作成方法などについて説明する。

☑ Point

◆ ファイルシステムの仕組み
- ファイルシステムは、データをファイルとして管理する機能である。
- データが保存されるハードディスクは、セクタと呼ばれる物理的な区分で分割される。

◆ ファイルシステムの種類
- ファイルシステムには様々な種類があり、ファイルに付与できる情報がそれぞれ異なる。
- Linuxで使用される代表的なファイルシステムに、XFSやext4がある。

◆ ジャーナル機能
- ジャーナル機能は、データ損失の際にデータを復元するための機能である。

◆ ファイルシステムの作成
- ファイルシステムは、パーティション上に作成する。
- ファイルシステムの作成は、mkfsを使う。

◉ ファイルシステムの仕組み

ファイルシステムとはハードディスクやソリッドステートドライブ、USBメモリなどに記録されたデータを、OS上からファイルとして管理するための機能である。

もしもファイルシステムがなかったら、アクセスのたびに「2台目のハードディスクに記録された、どの場所からどの場所までのデータ」といった物理的な記録位置を指定しなければならないので、非常に煩雑となる。

ファイルシステムは、こうした手間をなくし、「ファイル」という抽象的な概念

でデータを取り扱うための仕組みである。

● セクタ

データが保存されるハードディスクやソリッドステートドライブは、**セクタ**と呼ばれる物理的な区分で分割される。3テラバイト(1テラバイトは、2の40乗バイト)の容量を持つハードディスクで、1セクタの限界容量が512バイトの場合、約64億(3テラバイト÷512バイト÷64億)のセクタが存在することになる。

このセクタ群には通し番号が振られるが、19856番セクタ、18954番セクタなどの番号で管理することは、人間にとって大変困難な作業となる。そこで、それらセクタに書き込まれているデータを「ファイル」という人間にとってもわかりやすい単位で管理することで、データの扱いを簡単にすることができる。

下記の図では2つのセクタに、保存されているデータをまとめて1つのファイルとして認識している。

■ セクタとファイルのイメージ

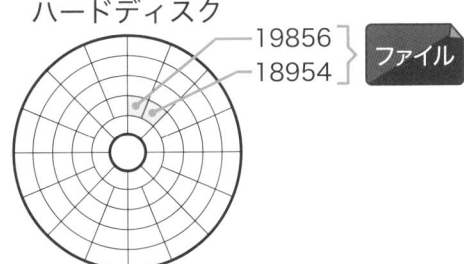

※本項は試験範囲外ながら、実務で必要となるために記載

◉ ファイルシステムの種類

ファイルシステムは、記憶装置にファイルをどう記録していくかという決まりごとである。ファイルのアクセス権、ファイル名の形式など、ファイルの付加情報を設定する。

Linuxで使用できる代表的なファイルシステムに、ext4やXFSなどがある。また、その他のOSにおいては、WindowsならNTFSやexFAT、macOSならHFSやHFSXなどを挙げることができる。

■ 主なファイルシステムの種類

種類	説明
ext4	・「force extended file system」の略 ・ジャーナル機能対応 ・ext2およびext3との互換性があり、サイズの大きなファイルとドライブに対応 ・現在のLinuxディストリビューションにおけるデフォルトのファイルシステム
XFS	・「eXtents File System」の略 ・SGI社が開発したジャーナル機能に対応した最古のファイルシステムの1つ ・Red Hat Enterprise Linuxでデフォルトのファイルシステム
FAT	・「File Allocation Table」の略 ・古典的ファイルシステムゆえに多くのOSで対応可能
NTFS	・「NT File System」の略 ・ジャーナル機能対応 ・現在のWindowsのデフォルトのファイルシステム
HFS	・「Hierarchical File System」の略 ・ジャーナル機能非対応 ・MacOSの初期ファイルシステム
HFSX	・「Hierarchical File System eXtended」の略 ・ジャーナル機能対応 ・MacOSの初期ファイルシステムのHFS Plusの拡張版
ext2	・「second extended file system」の略 ・ジャーナル機能非対応 ・Linuxの初期のファイルシステム
ext3	・「third extended file system」の略。 ・ext2にジャーナル機能を加えたファイルシステム
JFS	・「Journal File System」の略 ・IBM社が開発したジャーナル機能に対応した最古のファイルシステムの1つ
Btrfs	・「B-tree file system」の略。 ・高度な機能を備えたファイルシステム
iso9660	・CD-ROMのファイルシステム
msdos	・MS-DOSのファイルシステム
vfat	・SDカードや古いWindowsで使われるファイルシステム
exFAT	・FATの後継となるフラッシュメモリ向けファイルシステム

◉ ジャーナル機能

　ファイルシステムには、保存されているデータを安全に保持する機能も備わっている。

　例えば、動作中の予期せぬ電源が切断されたような場合に、ファイルの管理情報が消失し、アクセスできなくなる恐れがある。そのような事態に備えて、現行のファイルシステムでは、管理しているファイルの情報をジャーナル（journal）と呼ばれるログに残しておく。こうすることで、障害が生じた場合でも、ログを参照してファイルを復元することが可能となる。この機能を**ジャーナル機能**と言う。ジャーナルとは、「日誌」という意味であり、情報の記録のことを示す。

◉ ファイルシステムの作成

　ファイルシステムを作成するには、事前に**パーティション**※が作成されている必要がある。パーティションを作成した後に、パーティションの中にファイルシステムを作成する順序となる。

● ファイルシステムを作成する

　ファイルシステム作成には、**mkfs**（Make FileSystem）コマンドを使い、ファイルシステムの種類は、-tオプションで指定する。mkfsコマンドの実行には、管理者権限が必要となる。

　なお、ファイルシステムを作成すると、既存のパーティションに記録されているデータは失われるので注意が必要である。

■ mkfsコマンド

書式	説明
mkfs [-t ファイルシステムの種類] [デバイスファイル名]	ファイルシステムを作成する

※ **パーティション**……ハードディスク内で論理的に区切られた領域。4-2節「パーティション」を参照。

2 ディレクトリ

Windowsで「フォルダー」と呼ばれる仕組みを、Linuxでは「ディレクトリ」と呼んでいる。この節では、ディレクトリの仕組みと役割、主要なディレクトリの種類などについて説明する。

☑ Point

◆ ディレクトリ

- ディレクトリは、ファイルをグループ化することができる特殊なファイルである。
- ディレクトリを使うことで、大量に存在するファイルの整理や管理などが
- 容易になる。

◆ ディレクトリの構造（階層構造）

- ディレクトリの内部にディレクトリを作成することが可能である。
- すべてのディレクトリやファイルを格納し、ディレクトリの階層構造の頂点に位置するディレクトリをルートディレクトリと呼ぶ。
- ルートディレクトリの配下に、複数のディレクトリがツリー状の階層構造として連なる。

◆ ディレクトリの役割

- ディレクトリごとに役割が異なり、格納されるディレクトリやファイルの種類が分けられている。
- そのコンピュータを使うユーザーごとに割り当てられたディレクトリを、ホームディレクトリと言う。

◉ ディレクトリ

ディレクトリとは、ファイルをグループ化することができる特殊なファイルである。ディレクトリを使うことで、大量に存在するファイルの整理や管理などが容易になる。一般的には、Linuxでは「ディレクトリ」、WindowsやmacOSでは「フォルダー」と呼称する。

⊙ ディレクトリの構造（階層構造）

大抵のファイルシステムでは、ディレクトリを構成する機能が備わっている。ディレクトリは、内部にファイルやディレクトリを格納し、**親**と**子**の関係性を構築する。

特に、あるディレクトリの中にほかのディレクトリを格納する場合、内部に格納される側の子ディレクトリを**サブディレクトリ**と言う。このように階層構造を作ることができるのが、ディレクトリの特徴である。

■ **ディレクトリの階層構造**

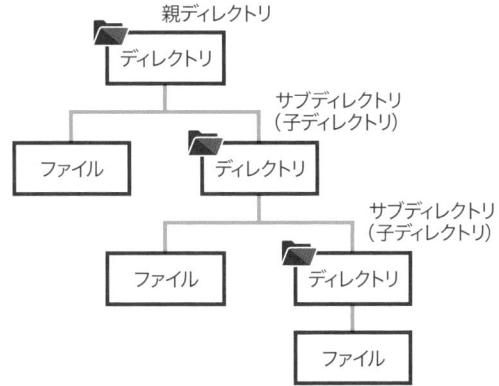

● ルートディレクトリ

あるディレクトリの中に、ほかのファイルやディレクトリを格納するディレクトリの階層構造は、多くの煩雑なデータを管理することができる。

ディレクトリの中にディレクトリを格納し、さらにそのディレクトリの中にディレクトリを格納した結果、**ツリー構造**が形成される。そしてツリー構造の頂点に位置する最初のディレクトリを**ルートディレクトリ**と呼び、すべてのファイルやディレクトリを格納する（次ページの図を参照）。ルートとは「根」の意味を持つ。

Linuxのディレクトリ配置については、Linux Foundation[※]により**FHS**（Filesystem Hierarchy Standard：**ファイルシステム階層標準**）として標準化されている。ただし、ディストリビューションごとに微妙に異なる部分もある。

※ Linux Foundation……主要なソフト・ハードウェアベンダーからなる非営利組織。

ディレクトリの役割

構成されるディレクトリにはそれぞれの役割が定められており、コンピュータを動かすためのディレクトリやアプリケーションのプログラムが格納されているディレクトリなど様々なものが存在する。ルートディレクトリを「/」と表記し、その配下には「/etc」「/home」「/bin」などのディレクトリが置かれている。

■ ルートディレクトリ（ファイル→ディレクトリ）

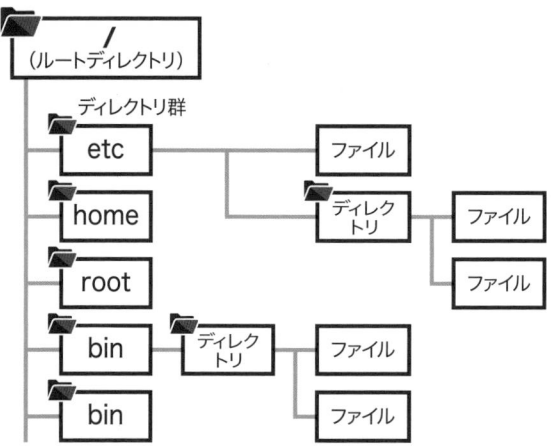

ディレクトリの主な役割は、次の表の通りである。**ホームディレクトリ**は、そのコンピュータを使うユーザーごとに 割り当てられたディレクトリのことで、ユーザーが自分にファイルやディレクトリを作成できる。また、ユーザーがログインした際、最初に移動するカレントディレクトリ※となる。

■ 主なディレクトリの役割

ディレクトリ	機能・格納されている情報
/	ルートディレクトリと呼ぶ。システムにおけるすべてのファイルやディレクトリの頂点に位置する。
/home	各ユーザーのホームディレクトリが作成される。
/root	管理者（rootユーザー）のホームディレクトリ。/homeディレクトリに不具合が生じても、管理者に影響が出ないように、管理者専用のディレクトリが設けられる。

※ **カレントディレクトリ**……自分が今いるディレクトリのこと。6-1節「ディレクトリとファイルの操作」を参照。

/bin	「バイナリ(binary)」の略。意味は「2進数」(0と1で構成される数値)。コンピュータが実行することができる実行可能ファイルが置かれる。コンソール画面でコマンド入力をして実行する場合、このファイルが実行される。また、/binでは特にすべてのユーザー(管理者と一般ユーザー)が使用する、操作に必要な実行可能ファイルが置かれる。
	[例]　・/bin/cat(ファイルの中身を確認するコマンド) 　　　・/bin/cp(ファイルをコピーするコマンド)
/sbin	「システムバイナリ(system binary)」の略。/binディレクトリと同じく、実行可能ファイルが格納される。ただし、/binディレクトリのファイルが一般ユーザー向けなのに対し、/sbinディレクトリのファイルは管理者(rootユーザー)向けの、システム管理用コマンドが格納される。
	[例]　・/sbin/reboot(再起動コマンド) 　　　・/sbin/shutdown(シャットダウンコマンド)
/lib	「ライブラリー (library)」の略。意味は「書庫」。/binや/sbinなどのコマンド(プログラム)が使用するライブラリ(プログラムを組む際に、よく使用される部品群)が格納される。/lib/ディレクトリには、/bin/や/sbin/に 含まれるバイナリファイルを実行するために必要なライブラリのみを保存する。これらの共有ライブラリイメージは、特にシステムをブートしたり、ルートファイルシステム内でコマンドを実行する場合に重要である
/usr	「ユーザー (user)」の略。意味は「使用者」。各ユーザーに共有して使われるファイルが置かれる。
/usr/bin	ユーザー (管理者・一般ユーザー)が一般的に実行するコマンドが置かれる。
/usr/sbin	管理者が一般的に実行するシステム管理用のコマンドが置かれる。
/usr/local	ホスト固有で使用するプログラムや設定ファイル、ドキュメントなどが格納される。
/usr/lib	/usr/binや/usr/sbinのコマンド(プログラム)が使用するライブラリが格納される。
/usr/share	システム構造に依存しないファイル(マニュアルやドキュメント)が置かれる。
/dev	「デバイス(device)」の略。意味は「機器」。システム起動時に、接続されていたデバイスファイル※が置かれる。
/etc	「エトセトラ(et cetera)」の略。意味は「その他」。OSをはじめ、様々なソフトウェアの設定ファイルが置かれる。サーバーなどのミドルウェアをインストールすると、設定ファイルだけは、/etcディレクトリに作られることが多い。
	[例]　・/etc/my.cnf(MySQLの設定ファイル) 　　　・/etc/php.ini(PHPの設定ファイル)

※ デバイスファイル……デバイスノードとも言い、デバイスドライバのインターフェースとなるファイル。

/mnt	「マウント(mount)」の略。意味は「ものを載せること」。USBメモリなどのメディアをマウントする際にマウントポイントが置かれる(マウントについては5-3節「マウントとアンマウント」を参照)。
/boot	意味は「起動」。システム起動中に必要なブートローダ※関連のファイルやカーネルのイメージファイルが格納される。
/proc	「プロセス(process)」の略。データがディスクに書き込まれるのではなく、メモリ上に保持される仮想的なファイルが格納される。システムが起動する度に自動的に生成され、システムの最新状態を常時反映する。 /procディレクトリ配下にあるファイルは、さまざまなプロセスを動作させる際にたびたび参照される。
/sys	「システム(system)」の略。デバイスやドライバ関連の情報が置かれる、仮想的なファイルシステム。
/tmp	「テンポラリー(temporary)」の略。意味は「一時的」。一時的に使うファイルやディレクトリを格納する。スティッキービット※が設定されているため、作成者以外はフォルダやディレクトリを削除することはできない。
/var	「バリアブル(variable)」の略。意味は「可変的」。システムやアプリケーションのログファイル、キャッシュファイル、メールなどの頻繁に更新されるファイルを格納する。/varディレクトリには、目的に合ったファイルを保存できるように、サブディレクトリが格納されている。 [例]　・/var/log(ログファイルのディレクトリ) 　　　・/var/cache(キャッシュファイルのディレクトリ)
/var/tmp	/tmpディレクトリと同じく、一時的にファイルやディレクトリを格納する。
/var/cache	意味は「貯蔵」。アプリケーションの一時ファイル(キャッシュファイル)が置かれる。
/var/log	意味は「記録」。システムやアプリケーションのログファイルが置かれる。
/opt	「オプショナル(optional)」の略。意味は「選択の」。一般的にサードパーティ製※のアプリケーションなどが置かれる。

　詳しくは、Filesystem Hierarchy Standard <https://wiki.linuxfoundation.org/lsb/fhs>を参照のこと(ただし、英語のみとなっている)。

※ **ブートローダ**……9-1節「Linuxが起動する順番」を参照。
※ **スティッキービット**……6-2節「パーミッション」を参照。
※ **サードパーティ製**……ディストリビューションに標準で実装されているものではなく、異なる組織が作成した製品のこと。

3 マウントとアンマウント

※本節は試験範囲外ながら、実務で必要となるために記載

重要度 ★★★★

Linuxでは、外部の記憶媒体を扱うために、マウントと呼ばれる作業が必要になる。この節では、マウントとアンマウントの概要から、USBメモリを用いて実際にマウント操作を行う手順などについて説明する。

☑ Point

◆ マウントとアンマウント

- あるファイルシステムに別のファイルシステムを連結させることをマウント、マウントされたファイルシステムを切り離すことをアンマウントと言う。
- ファイルシステムをマウントするためのディレクトリをマウントポイントと言う。

◆ マウントの実践

- 外部メディアからファイルの読み書きを行う場合、Linuxではすべてマウント操作が必要となる。
- マウントはmount、アンマウントはumountを使う。
- マウント状況の確認は、dfを使う。

◉ マウントとアンマウント

あるファイルシステムに別のファイルシステムを結合し、1つのファイルシステムとして扱えるようにすることを**マウント**と言う。マウントしたファイルシステムが結合されるディレクトリを**マウントポイント**と言い、マウントされたファイルシステムを切り離すことを**アンマウント**と言う。

Windowsにはドライブという概念があるが、Linuxではすべてのパーティションや外部メディアを、**ルートディレクトリ**「/」の配下のいずれかのディレクトリに結合して利用する。

特にUSBメモリなどの外部メディアを接続する場合、一般的には「/mnt」ディレクトリ配下にマウントポイントを作成して結合する。これにより、外部メディ

アのデータを操作できるようになる(次の図を参照)。

■ マウントの構造

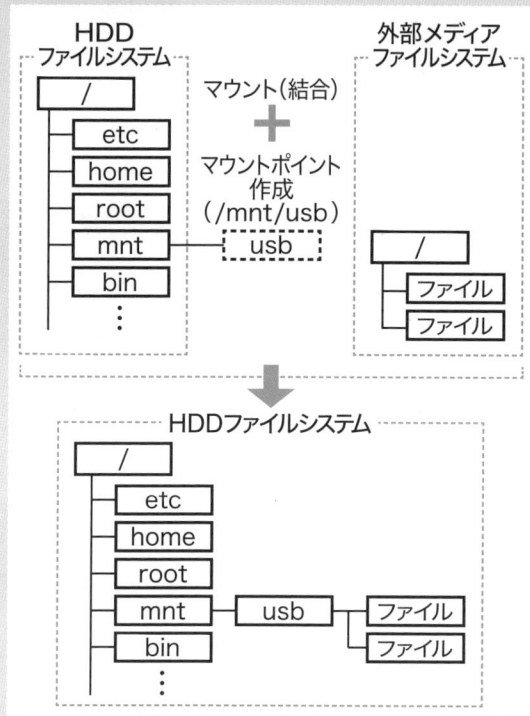

⊙ マウントの実践

USBメモリからデータをコピーする場合の手順について説明する。

本手順は、仮想化ソフトウェアのOracle VirtualBoxを用いた仮想マシンで実施し、コンピュータ本体のハードディスクが1つの状態で、USBメモリ(sdb1)を新たに1つ追加(結合)する際の手順となる。

外部メディアであるUSBメモリをCentOSで使おうとする場合、最初にマウントをする必要がある。普通のコンピュータのOSであれば、USBメモリを挿入してすぐにマウント作業に移れるが、仮想マシンの場合は必要な作業が異なるため、注意が必要。

①USBメモリ挿入前のデバイス名を確認する

カーネルが出力した情報を確認することができる**dmesg**コマンドを実行することで、外部メディアが挿入されたかを把握できる。USBメモリの挿入前と後でdmesgコマンドを実行して差分を比較し、USBメモリが接続されたというメッセージが表示されることを確認する。

なお、grepコマンドは3-3節「ファイル操作」、dmesgコマンドは9-5節「システムロギングとログファイル」を参照のこと。

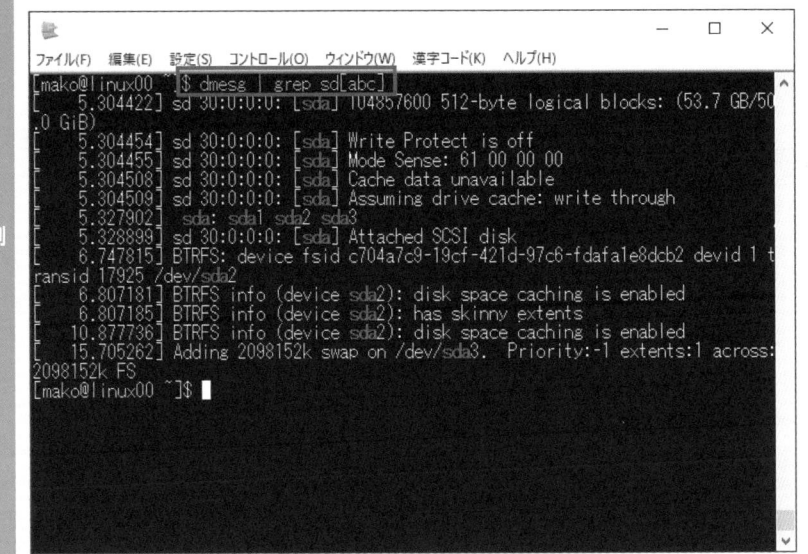

dmesgコマンドで、USBメモリの挿入前の情報を出力する。

$ dmesg | grep sd[abc]

②USBメモリを挿入する

仮想マシンにUSBメモリを認識させるために、一度マシンの電源を落とし、Oracle VirtualBoxの設定を変更する必要がある。

Oracle VirtualBox上の画面で「設定」を選択する。次に「USB」を選択し、右端にある「+」のアイコンを選ぶ。するとコンピュータに挿入されているUSBメモリの一覧が表示されるので、マウントしたいUSBメモリを選択して[OK]ボタンをクリックして完了する。

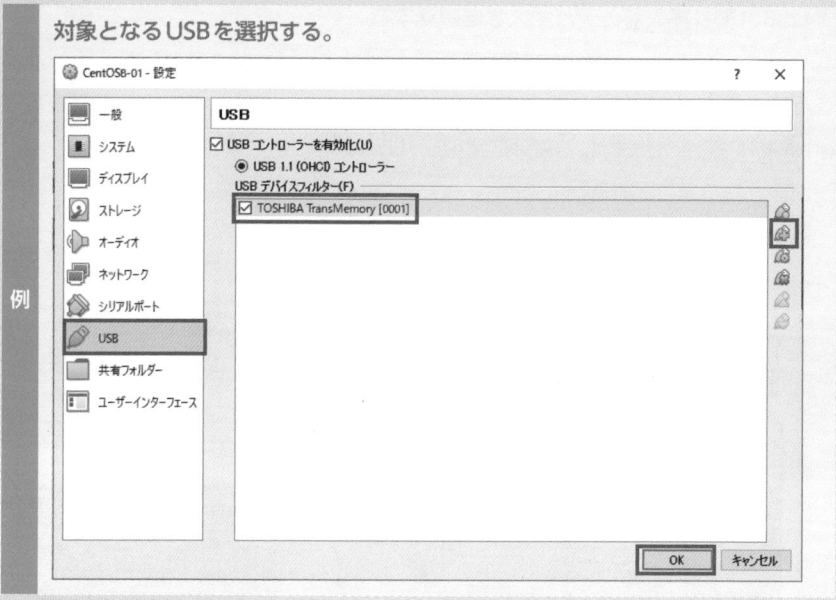

対象となるUSBを選択する。

③管理者権限に切り替える

仮想マシンを立ち上げて、ターミナル※画面を起動する。管理者権限でマウントを実行するために、**su**コマンドに**-**オプションを付けて実行し、管理者(rootユーザー)へ切り替える (suコマンドについては、8-3節「ユーザーとグループ」を参照)。

> 例
> **su**コマンドで**-**オプションを指定し、管理者(rootユーザー)に切り替える (管理者になり、プロンプトが「$」から「#」に切り替わったことを確認する)。
> ```
> $ su -
> ```

④USBメモリ挿入後のデバイス名を確認する

改めて**dmesg**コマンドで接続されたUSBメモリのデバイス名を確認する。画面下部へスクロールし、USBメモリの挿入前にはなかった「sdb1」に関する情報が出力されたことを確認する。「sdb」に関するメッセージが表示されない場合は、USBメモリの抜き差しを行い、再度手順を実施・確認する。

※ **ターミナル**……GUI上でコンソールのコマンドを入力するためのアプリケーションのこと。

dmesgコマンドで、USBの接続を確認する。

$ dmesg | grep sd[abc]

⑤マウントポイントを作成する

mkdirコマンドを実行し、「mkdir /mnt/usb」で「/mnt」ディレクトリの配下に「usb」ディレクトリを作成する。この「/mnt/usb」ディレクトリをマウントポイントとして使う（mkdirコマンド、6-1節「ディレクトリとファイルの操作」を参照）。

mkdirコマンドで「/mnt」ディレクトリ配下に「usb」ディレクトリを作成する。
例
mkdir /mnt/usb

⑥マウントを実行する

mountコマンドを実行し、「mount /dev/sdb1 /mnt/usb」で「/mnt/usb」ディレクトリをマウントポイントにしてUSBメモリ「/dev/sdb1」をマウントする。

■ mountコマンド

書式	説明
① mount	現在のマウント状況を表示する
② mount デバイス名 マウントポイント	マウントを行う

例
mountコマンドで「/mnt/usb」ディレクトリをマウントポイントにして、
USBメモリ「/dev/sdb1」をマウントする。
$ mount /dev/sdb1 /mnt/usb

⑦マウントの状況を確認する

　マウントの状況を確認するdfコマンドでファイルシステムの使用状況から「/
dev/sdb1」が「/mnt/usb」ディレクトリにあることを確認する。

■ dfコマンド

書式	説明
df [オプション] [デバイス名やディレクトリ名]	ディスクの使用状況を確認する

主なオプション	説明
オプションなし	ディスクの使用状況を確認する
-h	容量を適当な単位で表示する

例
dfコマンドで、現在のマウント状況を確認する。
$ df

⑧データをコピーする

まず、**cd**コマンドで「cd /mnt」を実行し、カレントディレクトリを変更する。次に**cp**コマンドで「cp -r usb usb_org」を実行して、「/mnt/usb」ディレクトリをコピーする。その後、**ll**（「ls -l」コマンドの別名）コマンドを実行してコピーできているかを確認する。

cdコマンドとcpコマンド、llコマンドについては、第6章で解説する。

> **例**
> cdコマンドで、カレントディレクトリを「/mnt」ディレクトリへ変更する。
> # cd /mnt

> **例**
> cpコマンドで、「usb」ディレクトリのデータをコピーする。
> # cp -r usb usb_org

> **例**
> ```
> ファイル(F) 編集(E) 設定(S) コントロール(O) ウィンドウ(W) 漢字コード(K) ヘルプ(H)
> [root@linux00 /mnt]# cp -r usb usb_org
> [root@linux00 /mnt]# ls -l
> total 0
> drwxr-xr-x 1 root root 520 Jul 20 23:29 usb
> drwxr-xr-x 1 root root 106 Jul 22 18:48 usb_org
> [root@linux00 /mnt]#
> ```

⑨アンマウントを行う

接続されているUSBメモリを取り外すためには、マウント状態を解除する必要がある。**umount**コマンドで「umount usb」を実行し、USBメモリを「/mnt/usb」ディレクトリからアンマウントする。

■ umountコマンド

書式	説明
umount デバイス名またはマウントポイント	アンマウントを行う

> **例**
> umountコマンドで、「usb」ディレクトリをアンマウントする。
> # umount usb

⑩USBメモリの取り外し

dfコマンドで「/dev/sdb1」の表示がないことを確認後、USBメモリをPCから取り外す。

> **例**
>
> dfコマンドで、現在のマウント状況を確認する。
>
> # df

練習問題

「Ping-t 最強WEB問題集 Linux Essentials(Ver1.6)」より出題！

1 通常、ユーザーのホームディレクトリが配置されるディレクトリはどれか。
（問題ID：2889）

(a) /usr

(b) /home

(c) /proc

(d) /bin

(e) /var

2 デバイスやドライバの情報が格納されているディレクトリはどれか。（問題ID：2890）

(a) /sys

(b) /usr

(c) /dev

(d) /sbin

(e) /etc

3 デバイスファイルが配置される場所はどこか。（問題ID：2656）

(a) /proc

(b) /dev

(c) /home

(d) /kernel

(e) /devfile

4 システムの設定ファイルなどが配置されるディレクトリはどれか。（問題ID：2659）

(a) /dev

(b) /proc

(c) /sys

(d) /etc

(e) /usr

5 ホームディレクトリの説明として正しいものはどれか。二つ選べ。（問題ID：2752）

(a) ユーザーが自由にファイルやディレクトリなどを作成できるディレクトリである

(b) ホームディレクトリは「/usr」ディレクトリ配下にユーザーの名前で作成される

(c) 1ユーザーに複数のホームディレクトリを割り当てることができる

(d) ユーザーがログインしたときのカレントディレクトリである

(e) rootユーザーにはホームディレクトリは割り当てられない

6 一時的なファイルを配置する場所として適切なディレクトリはどれか。二つ選べ。（問題ID：2669）

(a) /etc

(b) /tmp

(c) /var/tmp

(d) /var/log

(e) /usr/share

7 システムやアプリケーションのログファイルやメールなどが配置され、書き込みが頻繁に発生するディレクトリはどれか。（問題ID：2882）

(a) /etc

(b) /boot

(c) /dev

(d) /usr

(e) /var

第 **6** 章

ディレクトリと
ファイルの操作
【実践】

Linuxでは、ディレクトリが階層構造をしていることは、すでに述べた。第6章ではディレクトリとファイルの作成や削除、変更といった操作方法や、各ファイルのアクセス権、パーミッションについて説明する。

■ **keyword**

☐ ディレクトリとファイル
☐ パーミッション

1 ディレクトリとファイルの操作

実務では、ディレクトリやファイルの作成や削除、移動、コピーなどが頻繁に行われる。この節では、ディレクトリやファイルの基本的な操作などについて、実行例を示しながら説明する。

☑ Point

◆ ディレクトリとファイルの基本的な操作

- ファイルのタイムスタンプの変更は、touchを使う。
- ディレクトリの作成は、mkdirを使う。
- ファイルの削除はrm、ディレクトリの削除はrmに-rオプションを付与するか、rmdirを使う。
- ファイルやディレクトリの移動は、mvを使う。
- ファイルやディレクトリのコピーは、cpを使う。
- Linuxでは、ファイル名やディレクトリ名の大文字/小文字を区別する。

◆ ホームディレクトレとカレントディレクトリ

- ユーザーが自由に使用できるディレクトリをホームディレクトリと言う。
- 自分が今いるディレクトリのことをカレントディレクトリと言う。
- カレントディレクトリの確認は、pwdを使う。
- 自分がいるディレクトリを移動するには、cdを使う。

◆ 絶対パスと相対パス

- パスの指定方法には、ルートディレクトリを起点とした経路を示す絶対パスと、カレントディレクトリから違うディレクトリに起点とした経路を示す相対パスがある。

◆ ファイルやディレクトリのリスト表示

- ファイルやディレクトリのリスト表示は、lsを使う。
- 詳細情報を一緒に表示するには、-lオプションを付与する。
- 隠しファイルを表示するには、-aオプションを付与する。

ディレクトリとファイルの基本的な操作

はじめに、**ディレクトリ**や**ファイル**を操作する代表的なコマンドを紹介する。特に、以下のコマンドは基本的な操作であるため、確実に覚えてほしい。

ファイルのタイムスタンプを変更する / ファイルを作成する

ファイルのタイムスタンプを変更する場合は、**touch** コマンドを使用する。指定したファイル名が存在しない場合は、新規に空のファイルが作成される。

■ touchコマンド

書式	説明
touch [オプション][ファイル名]	ファイルのタイムスタンプを変更する

主なオプション	説明
オプションなし	ファイルのタイムスタンプを現在時刻に変更する。ファイルが存在しない場合、新規の空のファイルを作成する
-d	対象ファイルのタイムスタンプを、文字列で指定した日時に更新する
-t	対象ファイルのタイムスタンプを、指定した日時に更新する

例 touchコマンドを使用して、test4ファイルのタイムスタンプを、2023年05月05日11時30分10秒にする。

```
$ touch -t 202305051130.10 test4
```

ディレクトリを作成する

ディレクトリの作成には、**mkdir** コマンドを使用する。オプションを指定しない場合、mkdirコマンドは1つの階層しか作成することができない。ディレクトリを階層的に作成したい場合は、**-p**オプションを付与する。したがって、上位のディレクトリと一緒に、その配下のサブディレクトリまでを一気に作成したい場合は、-pオプションを使用する。

なお、階層構造を掘り下げることを**再帰的**というので、上記の例を「再帰的なディレクトリ作成」などと表現することがある。

■ mkdirコマンド

書式	説明
mkdir [オプション][ディレクトリ名]	ディレクトリを作成する

主なオプション	説明
オプションなし	ディレクトリを作成する
-p	階層ディレクトリを作成する（再帰的なディレクトリ作成）

> **例** mkdirコマンドで、カレントディレクトリの下に「testdir/test3」ディレクトリを作成する。
>
> $ mkdir -p testdir/test3

● ファイル、ディレクトリを削除する

ファイルを削除する場合は、rmコマンドを使用する。また、ディレクトリの削除は、rmコマンドに-rオプションを付与するか、rmdirコマンドを使用する。

なお、rmdirコマンドは指定されたディレクトリ単体を削除することしかできないので、ディレクトリ内にファイルやサブディレクトリが含まれている場合はエラーとなってしまう。こうしたことから、-rオプションを付加してrmコマンドを使用するのが一般化しているが、操作を間違えると重大な結果を招きかねず、注意が必要である。

■ rmコマンド

書式	説明
rm [オプション] [ファイル名]	ファイル、ディレクトリを削除する

主なオプション	説明
オプションなし	指定されたファイルを削除する
-f	確認せずに、いきなり削除する
-i	削除時に1つずつ確認する
-r, -R	指定したディレクトリ配下を再帰的に削除する

例　rmコマンドで、「src3」ディレクトリ配下をすべて削除する。
$ rm -r src3/

■ rmdirコマンド

書式	説明
mkdir [オプション][ディレクトリ名]	ディレクトリを削除する

主なオプション	説明
オプションなし	ディレクトリを削除する
-p	階層ディレクトリを削除する

例　rmdirコマンドで、「testdir」ディレクトリを削除する。
$ rmdir testdir

● ファイル、ディレクトリを移動する / 名前を変更する

　ファイルやディレクトリを、別のディレクトリに移動するときは、mvコマンドを使用する。また、名前を変更する場合にも、mvコマンドを使用する。

■ mvコマンド

書式	説明
mv [移動元] [移動先]	ファイル、ディレクトリを移動する

主なオプション	説明
オプションなし	ファイル、ディレクトリを移動する
-f	移動先に同名ファイルがあれば上書きをする
-i	移動先に同名のファイルがある場合、上書きする前に確認する

例　mvコマンドで、/home/mako/test3 ファイルを「/tmp」ディレクトリに移動する。
$ mv /home/mako/test3 /tmp

● ファイル、ディレクトリのコピーをコピーする

ファイルやディレクトリをコピーする場合は、**cp**コマンドを使用する。このコマンドは、頻繁に使用される（ディレクトリをコピーする場合は、**-r**オプションを付与する）。

cpコマンドが使われる場面として、設定ファイルのバックアップがある。設定ファイルを間違えて書き換えたり、削除したりすると、そのファイルを参照しているプログラムの動作に影響を与えてしまう。こうした状況を避けるため、cpコマンドを使って別名でバックアップし、それから編集することが望ましい。

■ cpコマンド

書式	説明
cp [コピー元] [コピー先]	ファイル、ディレクトリをコピーする

主なオプション	説明
オプションなし	ファイル、ディレクトリをコピーする
-f	コピー先に同名のファイルがあれば上書きする
-i	コピー先を上書きする前に確認する
-r,-R	ディレクトリごと（再帰的に）コピーする
-p	更新日時や所有ユーザー等、ファイル情報を変更しないでコピーする

例 cpコマンドで、/home/mako/test3ファイルを「/tmp」ディレクトリにコピーする。

$ cp /home/mako/test3 /tmp

● 大文字と小文字の区別

LinuxはWindowsと異なり、ファイル（ディレクトリ）名の大文字と小文字を区別する。例えば、「test」と「Test」は違う名前として識別される。よって、ファイル名を指定する際には注意が必要である。また、1つのディレクトリに同じ名前のファイルとディレクトリを同居させることはできない。

⊙ ホームディレクトリとカレントディレクトリ、パス

ディレクトリにまつわる用語には、前述したユーザーが自由に使用できる**ホームディレクトリ**や、現在のディレクトリ位置を示す**カレントディレクトリ**などがある。

● ホームディレクトリ

ユーザーごとに与えられたディレクトリである。通常、ユーザーアカウントの作成時に付与される。自身のホームディレクトリは、基本的に自由に利用できるようになっている。

● カレントディレクトリ

自分が今いるディレクトリのことである。ユーザーがログインすると、ホームディレクトリがカレントディレクトリとなる。

● カレントディレクトリを確認する

カレントディレクトリを確認するには、**pwd**コマンドを使用する。

■ pwdコマンド

書式	説明
pwd	カレントディレクトリを表示する

pwdコマンドで、カレントディレクトリを表示する（例では、「/home/mako」となる）。

例

$ pwd

```
ファイル(F)  編集(E)  設定(S)  コントロール(O)  ウィンドウ(W)  漢字コード(K)  ヘルプ(H)
[mako@linux00 ~]$ pwd
/home/mako
[mako@linux00 ~]$
```

● ディレクトリを移動する

ディレクトリを移動するには、**cd**コマンドを使用する。移動先を指定せず、単にcdと入力した場合は、ホームディレクトリに移動する。また、cdコマンドでは、ショートカットや後述するパス記号が利用できる。例えば、**-**を指定すると、直前（1つ前）のディレクトリに移動する。

■ cdコマンド

書式	説明
cd [移動先ディレクトリ]	現在の作業ディレクトリを移動する

主なオプション	説明
-	直前（1つ前）のディレクトリに移動する

cdコマンドで「/etc」ディレクトリに移動する

例
$ cd /etc

```
ファイル(F)  編集(E)  設定(S)  コントロール(O)  ウィンドウ(W)  漢字コード(K)  ヘルプ(H)
[mako@linux00 ~]$ cd /etc
[mako@linux00 etc]$
```

◉ 絶対パスと相対パス

ディレクトリを指定するには、**絶対パス**と**相対パス**の2種類の方法がある。

● 絶対パス

ルートディレクトリを起点とした経路を示す。「フルパス」とも呼ばれる。カレントディレクトリがどこであっても、常に同じ位置を示すが、パス名が長くなるのが難点。

● 相対パス

現在位置であるカレントディレクトリを起点とした経路を示す。カレントディレクトリが違っていれば、おのずとパス名は異なる。

● パス記号

ディレクトリを指定する際に、「.」「..」「~」「/」という4種類の記号を使用できる。

■ パス記号

記号	説明
.(ドット)	カレントディレクトリ
..(ドット2文字)	1つ上のディレクトリ（親ディレクトリ）
~(チルダ)	ホームディレクトリ
/(スラッシュ)	ルートディレクトリ

■ カレントディレクトリが「/home/mako/test/current」の場合の動き

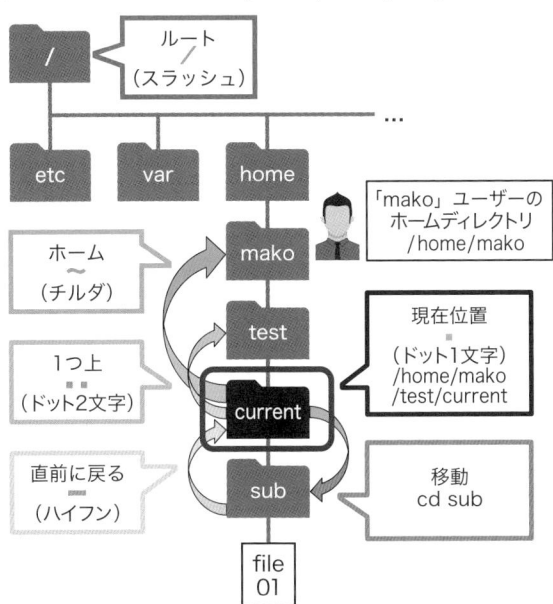

■ 「current」ディレクトリからファイル「file01」を参照した場合のパス表記

記号	表記
絶対パス	/home/mako/test/current/sub/file01
相対パス	sub/file01

ファイルやディレクトリのリスト表示

ファイルやディレクトリをリスト表示するには、lsコマンドを使用する。ディレクトリを指定しない場合は、カレントディレクトリに存在するファイル等の名前を表示する。

詳細情報を確認する

lsコマンドに-lオプションを付与することで、サイズやパーミッション（次節を参照）等の詳細情報も一緒に表示することができる。

また、「.」から始まるファイル名は**隠しファイル**であり、通常は表示されないため、隠しファイルも表示するには、**-a**オプションを付与する。

■ lsコマンド

書式	説明
ls ［オプション］［ファイルまたはディレクトリ］	ファイルやディレクトリの情報を表示する

主なオプション	説明
オプションなし	ファイルやディレクトリの情報を表示する
-l	詳細情報を表示する
-d	指定したディレクトリ自体の情報を表示する
-a	隠しファイルも含めて表示する
-R	再帰的に表示する（サブディレクトリを辿って表示）
-t	更新した時刻順に表示する
-r	逆順に表示する
-h	ファイルサイズの単位を読みやすい形式で表示する

例 lsコマンドで、「testdir」ディレクトリ配下のファイルとディレクトリを表示する。

$ ls testdir

2 パーミッション

重要度 ★★★★

マルチユーザー環境であるLinuxには、各ファイルやディレクトリにアクセス権が設定されており、これをパーミッションと言う。この節では、パーミッションの仕組みや設定方法などについて説明する。

☑ *Point*

◆ パーミッション

- パーミッションとは、ファイルやディレクトリに対するアクセス権のことである。
- アクセス権には、読み取り、書き込み、実行権限の3種類がある。
- ファイルやディレクトリに対するパーミッションの設定対象には、所有者（オーナー）、所有グループ、その他のユーザーの3種類がある。

◆ パーミッションの変更

- パーミッションの変更は、chmodを使う。
- ファイルやディレクトリの所有者の変更は、chownを使う。
- ファイルやディレクトリの所有グループの変更は、chgrpを使う。
- 上記の3つのコマンドを実行するには、root権限が必要となる。ただし、自分が所有者であるファイルについては、chmodのみ実行できる。

◆ リンクファイル

- ファイルやディレクトリには、ファイル本体とは別にリンクファイルを作り、アクセスしやすくできる。
- リンクには、リンク先のファイルを指し示すシンボリックリンクと、1つのiノードに複数のファイル名を対応付けるハードリンクがある。
- シンボリックリンクやハードリンクの作成は、lnを使う。

◉ パーミッション

パーミッションとは、ファイルやディレクトリに対するアクセス権のことで

ある。**読み取り** (r) ・**書き込み** (w) ・**実行権限** (x) の3つのアクセス権があり、そ
れぞれ**所有者・所有グループ・その他のユーザー**ごとに適用される。

アクセス権は次の表の通り、記号もしくは数数字(8進数)で示される。

■ **アクセス権の種類**

アクセス権	記号での表記	数字での表記
読み取り可能(**r**ead)	r	4
書き込み可能(**w**rite)	w	2
実行可能(e**x**ecute)	x	1
許可なし	-	0

● パーミッションの確認

パーミッションを確認するには、**ls** コマンドを **-l** オプションで実行する。

■ **「ls -l」コマンドの詳細情報の意味**

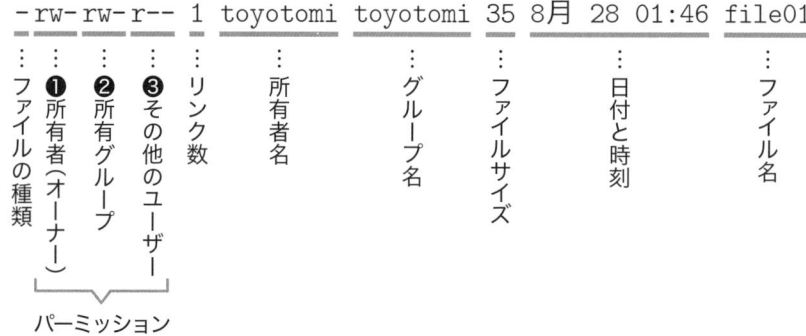

■ **ファイルの種類を表す英字**

英字	説明
-	ファイル
d	ディレクトリ
l	シンボリックリンク

パーミッションが①「rwxrw-rw-」、②「rw-rw-rw-」、③「r-xr-xr-x」、④「rwx-
wx-wx」だった場合の数字での表記は、以下の表のようになる。

例えば、表記例①の場合は、所有者(オーナー)がrwxなので4+2+1→7、所

有グループがrw-なので4+2→6、その他のユーザーがrw-なので4+2→6となり、パーミッションは766となる。

■ パーミッションの数字での表記例① rwxrw-rw-の場合

	記号での表記	数字での表記
パーミッション	rwxrw-rw-	766
所有者	rwx（読み取り可能：4 ＋ 書き込み可能：2 ＋ 実行可能：1）	4+2+1→7
❷所有グループ	rw-（読み取り可能：4 ＋ 書き込み可能：2）	4+2→6
❸その他のユーザー	rw-（読み取り可能：4 ＋ 書き込み可能：2）	4+2→6

■ パーミッションの数字での表記例② rw-rw-rw-の場合

	記号での表記	数字での表記
パーミッション	rw-rw-rw-	666
❶所有者（オーナー）	rw-（読み取り可能：4 ＋ 書き込み可能：2）	4+2→6
❷所有グループ	rw-（読み取り可能：4 ＋ 書き込み可能：2）	4+2→6
❸その他のユーザー	rw-（読み取り可能：4 ＋ 書き込み可能：2）	4+2→6

■ パーミッションの数字での表記例③ r-xrw-rw-の場合

	記号での表記	数字での表記
パーミッション	r-xr-xr-x	555
❶所有者（オーナー）	r-x（読み取り可能：4 ＋ 実行可能：1）	4+1→5
❷所有グループ	r-x（読み取り可能：4 ＋ 実行可能：1）	4+1→5
❸その他のユーザー	r-x（読み取り可能：4 ＋ 実行可能：1）	4+1→5

■ パーミッションの数字での表記例④ rwx-wx-wxの場合

	記号での表記	数字での表記
パーミッション	rwx-wx-wx	733
❶所有者（オーナー）	rwx（読み取り可能：4 ＋ 書き込み可能：2 ＋ 実行可能：1）	4+2+1→7
❷所有グループ	-wx（書き込み可能：2 ＋ 実行可能：1）	2+1→3
❸その他のユーザー	-wx（書き込み可能：2 ＋ 実行可能：1）	2+1→3

● 特殊なパーミッション

前述の読み取り(r)・書き込み(w)・実行権限(x)以外にも、**SUID**、**SGID**、**ス
ティッキービット**と呼ばれる3つの特殊なパーミッションがある。

通常、パーミッションは3桁の8進数※で表現するが特殊なパーミッションが付
与される場合は、4桁で表現される。

■ 特殊なパーミッション

種類	記号での表記	数字での表記	chmodでの指定※	設定対象
SUID	---s------	4000	u+s	ファイル
SGID	------s---	2000	g+s	ファイル・ディレクトリ
スティッキービット	---------t	1000	o+t	ディレクトリ

❶ SUID

SUID (Set User ID)は、ファイルにのみ適用できるパーミッションであり、実
行したのが誰であっても、そのファイルは所有者の権限で実行される。言い換え
ると、一般ユーザーが管理者(rootユーザー)としてプログラムを起動するための
仕組みである。

具体例として、パスワードの変更について考える。ユーザー情報が記録され
ているpasswdファイルとshadowファイルの2つは所有者が管理者(rootユー
ザー)であり、そもそもほかのユーザーでは変更ができない。しかし、SUIDで
passwdコマンドを使用することにより、一般ユーザーであってもパスワードの
変更は可能となるが、この仕組みがSUIDである。

■ passwdファイルとshadowファイルの例

```
[mako@linux00 ~]$ ls -l /etc/passwd /etc/shadow
-rw-r--r-- 1 root root 1800  5月 30 09:32 /etc/passwd
---------- 1 root root 1102  5月 30 09:32 /etc/shadow
[mako@linux00 ~]$ ls -l `which passwd`
-rwsr-xr-x  1 root root 32552  7月 23  2023 /usr/bin/passwd
[mako@linux00 ~]$
```

※ **3桁の8進数**……実際には4桁なのだが、最上位桁の0が省略可能となっている。
※ **chmodでの指定**……uは所有者(オーナー)、gは所有グループ、oはその他のユーザーを表す。

■ SUIDが設定されているファイルの例

```
[mako@linux00 ~]$ find /usr/ -perm -4000 -exec ls -l {} \;
-rwsr-xr-x  1 root root 74320  8月 17  2023 /usr/bin/chage
-rwsr-xr-x  1 root root 78656  8月 17  2023 /usr/bin/gpasswd
-rwsr-xr-x  1 root root 42352  8月 17  2023 /usr/bin/newgrp
……以下省略……
```

なお、SUIDを数値表現で設定する場合、4桁の最上位桁が「1」となる。

❷ SGID

SGID (Set Group ID) は、ファイルとディレクトリの両方に設定できるパーミッションであり、それぞれ意味合いが異なる。

ファイルに設定した場合はSUIDと同様、どのユーザーが起動しても、ファイルの所有グループの権限で実行される。

一方、ディレクトリに設定されている場合は、そのディレクトリ配下に作成されたファイルとディレクトリは、誰が作成したのかによらず、すべて親ディレクトリの所有グループが設定される。

下記の例はSGIDが設定されているディレクトリに、ファイルを作成した例になる。「dir01」ディレクトリにはusersグループが設定されているが、その配下にファイルを作成した場合、たとえ管理者(rootユーザー)であっても、作成したtest1には、所有グループとしてusersが設定されているのがわかる。

なお、SGIDを数値表現で設定する場合、4桁の最上位桁が「2」となる。

■ SGIDがセットされているディレクトリに、ファイルを作成した例

```
linux00:/home/mako/dir01 # id
uid=0(root) gid=0(root) groups=0(root)
linux00:/home/mako/dir01 # ls -la
合計 0
drwxr-sr-x 1 mako users   0  6月  1 23:36 .
drwxr-xr-x 1 mako users 474  6月  1 23:34 ..
linux00:/home/mako/dir01 # touch test1
linux00:/home/mako/dir01 # ls -la
合計 0
```

```
drwxr-sr-x 1 mako users  10  6月  1 23:36 .
drwxr-xr-x 1 mako users 474  6月  1 23:34 ..
-rw-r--r-- 1 root users   0  6月  1 23:36 test1
```

❸スティッキービット

スティッキービット (Sticky Bit) は、ディレクトリに設定できるパーミッションである。通常、ディレクトリは、前提として、誰でも書き込み可能に設定される。ところが、スティッキービットを設定したディレクトリでは、その配下にあるファイルやディレクトリについて、所有者以外は削除ができない※。

このパーミッションが適用される好例が「/tmp」や「/var/tmp」などの一時ディレクトリである。これらのディレクトリには誰でもファイルを置くことができるが、ほかのユーザーに削除されるようでは危険である。そこでスティッキービットによって、所有者でなければ削除できないように設定するのである。

スティッキービットを数値表現で設定する場合、4桁の最上位桁が「1」となる。

■ スティッキービット

権限	記号での表記	数字での表記	説明
スティッキービット	t	1000（8進表記の最上位桁に「1」が追加される）	所有者のみが削除できる

■ 所有者でなければ削除できないように設定する例

```
linux00:~ # ls -ld /tmp/
drwxrwxrwt 1 root root 78656  8月 17  2023 /tmp/
linux00:~ # ls -ld /var/tmp/
drwxrwxrwt 1 root root 78656  8月 17  2023 /var/tmp/
```

なお、SUIDやSGID、スティッキービットはls -lコマンドを実行すると、sやtで表示される。しかし、無意味な設定をした場合は、大文字のSとTが表示される。例えば、下記のアクセス権を変更するchmodコマンド（後述）の例では、「dir1」ディレクトリに対して、その他のユーザーに「読み取り」と「書き込み」のアクセス権が設定されていないにもかかわらず、スティッキー（後述）のみを設定している。しかし、この設定は何ら意味をなさないので、1000のビットがtではなくTで表

示されている。

```
mako@linux00:~> chmod 1750 dir1
mako@linux00:~> ls -l file1
-rwxr-x--T 1 peko users    73 12月 25  2023 dir1
```

　これら特殊なパーミッションは、適切に設定すれば便利な仕組みであるが、その反面、設定ミスが重大なセキュリティホールになりうる。よって、設定に際しては設計を慎重に行うとともに、想定外の箇所に設定されていないことを定期的にチェックするなどの対策も重要となる。

⊙ パーミッションの変更

　アクセス権や、ファイルやディレクトリの所有者の変更方法と、スティッキービットを設定するコマンドについて説明する。

● アクセスを変更する

　アクセス権を変更するには、**chmod**コマンドを使用する。その際に、パーミッションは記号または数字での表記で指定する。

■ chmodコマンド

書式	説明
chmod [オプション][パーミッション] [ファイルまたはディレクトリ]	ファイルやディレクトリへのアクセス権を変更する

主なオプション	説明
オプションなし	パーミッション（アクセス権）を変更する
-R	配下にあるディレクトリ内のファイル等も変更する（再帰的なアクセス権変更）

例　chmodコマンドでtext.txtファイルの所有者に「rw-」、所有グループに「r--」、その他のユーザーに「r--」を設定する。

$ chmod 644 text.txt

> 例
> chmodコマンドでtext.txtファイルの所有者(u)に「x」を追加、所有グループ(g)とその他のユーザー(o)から「r」を削除する。モード指定は、スペースを空けずにカンマで区切る。
> $ chmod u+x,g-r,o-r text.txt

> 例
> chmodコマンドでfile01ファイルの所有グループ(g)に「rwx」を設定する。
> $ chmod g=rwx file01

● スティッキービットを設定する

　スティッキービットを設定する場合も、**chmod**コマンドを使用する。スティッキービットでは、その他のユーザーの実行権限が「t」となるため、アクセス権の表記に「1000」を加算する。文字列の場合は3つの記号(o+t)を定義する。

> 例
> chmodコマンドで、「testdir」ディレクトリにスティッキービットを設定する(変更前に777(rwxrwxrwx)だったパーミッションを1777(rwxrwxrwxt)にする)。
> $ chmod 1777 testdir/
> $ chmod o+t testdir/

OnePoint スティッキービットのパーミッション表記

　その他のユーザーへの実行可能(x)の付与の有無で、表記が次のように変わる。

・その他ユーザーに実行可能(x)が付与されている場合：小文字の「t」
・その他ユーザーに実行可能(x)が付与されていない場合：大文字の「T」

　次の画面は、実行可能(x)が付与されていない場合の例である。
　ただしスティッキービットは、その他のユーザーにx(ディレクトリの検索権)が設定されることで意味を持つので、「T」が表示されている場合は、実質的な意味を持たず、適切な設定ではないことに注意。

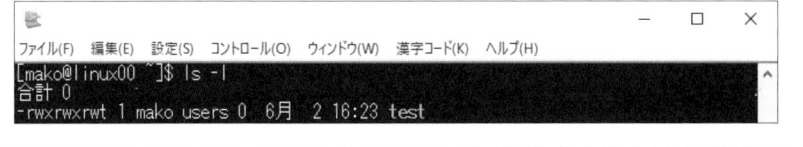

```
[mako@linux00 ~]$ ls -l
合計 0
-rwxrwxrwt 1 mako users 0  6月   2 16:23 test
```

● ファイルやディレクトリの所有者を変更する
- -

所有者を変更するには、**chown**コマンドを使用する。

■ chownコマンド

書式	説明
chown [オプション] 　<ユーザー> [:<グループ>] 　<ファイル、ディレクトリ>	ファイルやディレクトリの所有者や所有グループを変更する

主なオプション	説明
オプションなし	所有者を変更する。ただし、ユーザーと所有グループを:で区切ることにより、所有グループも一緒に変更することが可能である。
-R	指定したディレクトリの配下も変更する(再帰的なアクセス権変更)

chmodコマンドでは、各種の意味づけを記号によって表現できる。次の表は、その一覧である。

■ chmodコマンドで使用する記号

対象	説明
u	所有者
g	所有グループ
o	その他のユーザー
a	すべてのユーザー
+	権限を追加
-	権限を削除
=	権限を指定
r	読み取り権限
w	書き込み権限
x	実行権限

> **例** chownコマンドで、所有者のみを変更する（所有グループは変更せず、text.txt
> ファイルの所有者を「toyotomi」に変更する）。
> # chown toyotomi text.txt

> **例** chownコマンドで、text.txtファイルの所有者と所有グループを
> 「oda:tokugawa」に変更する。
> # chown oda:tokugawa text.txt

● 所有グループのみを変更する

　所有グループの変更には、**chgrp**コマンドを使用する。ただし、前述の通り、chownコマンドにより、所有者と所有グループを同時に変更することも可能である。

■ chgrpコマンド

書式	説明
chgrp [オプション] <グループ> <ファイル、ディレクトリ>	ファイルやディレクトリの所有グループ変更する

主なオプション	説明
オプションなし	所有グループを変更する
-R	指定したディレクトリの配下も変更する（再帰的なアクセス権の変更）

> **例** chgrpコマンドで、text.txtファイルの所有グループを「oda」変更する。
> $ chgrp oda text.txt

◉ リンクファイル

　ファイルやディレクトリに別名を付け、異なった名前で同一のファイルやディレクトリにアクセスできる仕組みのことを**リンクファイル**と言う。

　Linuxでは、ファイル名とファイルの実体が、**iノード**という重複しない番号によって紐付けられており、iノードには、ファイルのディレクトリ上の位置やファイルサイズ、アクセス権などの情報が格納されている。

ディレクトリは、配下にあるファイルのファイル名とiノードを関連付ける特殊なファイルの形態として扱われる。システム上では、ファイルやディレクトリは、このiノードで管理されている。

リンクファイルには、リンク先のファイルを指し示す**シンボリンクリンク**と、1つのiノードに複数のファイル名を対応付ける**ハードリンク**の2種類がある。

● シンボリックリンクの特徴

シンボリックリンクは、Windowsのショートカットのようなものであり、ファイルの実体(リンク先)を指し示すものであるため、そのファイルまでのパスが示されている。

シンボリックリンクには、次のような特徴がある。

①リンクファイルは、ファイルとディレクトリのどちらにも作成できる。
②指し示すファイルやディレクトリが移動したり削除されたりすると、リンク切れとなり、目的のファイルにアクセスできなくなる。
③シンボリックリンクは、存在しないファイルに対しても作成できてしまう。
④ファイルシステム(パーティション)をまたいで作成できる。
⑤シンボリックリンクとリンク元ファイルは、異なるiノード番号を示す。

● ハードリンクの特徴

ハードリンクは、ファイルの別名であり、ファイルの実体(iノード)を直接参照するものである。シンボリックリンクが目的のファイルまでの道のりを示すのに対し、ハードリンクは直接ファイルの実体を参照する。

ハードリンクには、次のような特徴がある。

①シンボリックリンクと異なり、ディレクトリに対しては作成できない。
②リンク元のファイルが移動したり削除されても、目的のファイルにアクセスできる。
③存在しないファイルに対しては、作成することができない。
④異なるファイルシステム(パーティション)をまたいで作成することはできない。
⑤ハードリンクとリンク元ファイルは、同じiノード番号を示す。

● リンクを作成する

シンボリックリンクやハードリンクを作成するには、ln コマンドを使用する。

■ ln コマンド

書式	説明
ln [オプション] [元ファイル] [リンクファイル]	ハード（シンボリック）リンクを作成する

主なオプション	説明
オプションなし	ハードリンクを作成する
-s	シンボリックリンクを作成する

> 例 ln コマンドで、test3 ファイルのハードリンク「test4」を、カレントディレクトリに作成する。
>
> $ ln test3 test4

> 例 ln コマンドで、/home/mako/test1 ファイルのシンボリックリンク「test2」を「/tmp」ディレクトリに作成する。
>
> $ ln -s /home/mako/test1 /tmp/test2

練習問題

「Ping-t 最強WEB問題集 Linux Essentials（Ver1.6）」より出題！

1 ディレクトリ「subdir」も「sub2dir」も存在しない状態で、以下のコマンドを正常に終了させたい。下線部に入るオプションはどれか。（問題ID：2641）

$ mkdir ＿＿＿ subdir/sub2dir

(a) -a

(b) -f

(c) -i

(d) -d

(e) -p

2 シンボリックリンクについて正しく述べているものはどれか。二つ選べ。（問題ID ：2670）

(a) rootユーザーのみが作成できる

(b) 元ファイルが削除されるとリンクも削除される

(c) ディレクトリのリンクを作成することができる

(d) 異なるファイルシステムのファイルに対しても作成できる

(e) 同一ファイルシステムのファイルに対してだけ作成可能である

3 ファイル「file」の所有ユーザーを、user01からuser02へ変更したい。適切なコマンドはどれか。（問題ID：2952）

(a) chmod user02 file

(b) chmod -o user01:user02 file

(c) chown user02 file

(d) chown user01:user02 file

(e) chusr user02 file

4 ファイル「file」に対して以下のコマンドを実行した。設定されたパーミッションとして正しいものはどれか。（問題ID：2964）

chmod 755 file

(a) r-xr-xr-x

(b) rw-rw-rw-

(c) rwx-wx-wx

(d) rwxr-xr-x

(e) rwxrw-rw-

5 ファイル「file」の所有ユーザーを、user01からuser02へ変更したい。適切なコマンドはどれか。（問題ID：2952）

(b) chown user02 file

(a) chown user01:user02 file

(d) chmod user02 file

(c) chmod -o user01:user02 file

(e) chusr user02 file

6 スティッキービット（Sticky bit）について、正しく説明しているものを選べ。（問題ID：2966）

(a) ファイルのオーナーでなくてもファイルを削除できる

(b) ファイルのオーナーとrootユーザーのみがファイルを削除できる

(c) ファイルのオーナーと同じグループに所属するユーザーがファイルを削除できる

(d) ファイルの所有者を変更できる

(e) rootユーザーのみが設定できるパーミッションである

正解

1 (e)　　**2** (c) (d)　　**3** (c)　　**4** (d)　　**5** (a)　　**6** (b)

150

第**7**章

テキストエディタの操作
【実践】

　Linuxで標準的に使われるテキストエディタの1つがviである。第7章では、viの概念や操作方法等について解説していく。実際に操作した例を掲載しているので、ぜひ手元の環境で操作しながら読み進めていただきたい。

■ keyword ■

☐テキストエディタ
☐vi
☐ファイルの保存と終了
☐setコマンド

1 テキストエディタ vi

重要度 ★★★★

Linuxでテキストファイルを編集するには、基本的にテキストエディタを使用する。
この節では、viやVimなどのテキストエディタの種類、viの2種類のモードなどに
ついて説明する。

☑ *Point*

◆テキストエディタ

- viは、Linuxで標準的に使われるテキストエディタの1つである。
- 現行のLinuxでは、viの機能を拡張したVimが標準でインストールされ、
  Vimをviとして採用している。
- Linuxで使用できるテキストエディタには、nanoやEmacsなどもある。

◆コマンドモードと入力モード

- viには、コマンドモード、入力モードという2つの動作モードがある。
- キーボードで入力した文字が、すべて命令として解釈される状態のことを
  コマンドモード(ノーマルモード、ナビゲーションモード)と言う。
- 文字をカーソル位置に入力できる状態のことを入力モード(編集モード、挿
  入モード)と言う。
- 起動した直後は、コマンドモードになっていて、切り替えコマンドを入力
  することで、入力モードに移行できる。

◉ テキストエディタ

Windowsでテキストファイル (文字情報のみで構成されているファイル) を編
集する場合、基本的にメモ帳を使用する。

Linuxでは、テキストファイルの編集を行う場合は、**vi**(VIsual editor：ヴィー
アイ)と呼ばれる**テキストエディタ**をよく使用する。viは、ほとんどのLinuxディ
ストリビューションに標準的に搭載されている。

また、vi以外にも、viよりシンプルなnano (ナノ)や、Emacs (イーマックス)
というエディタも人気がある。

nanoには、viのようなモードがないため、起動後にすぐ入力を開始することが可能で、[Ctrl]キーを使用して様々なツールにアクセスすることができる。

Emacsは拡張性に特徴があり、単なるエディタというだけでなく、ファイル操作等も実行できるシェル※のような環境を提供する。

なお、現行のディストリビューションにおいては、viの代わりに、viを機能拡張したVim (Vi IMproved editor：ヴィム)※というエディタが標準でインストールされている。ただし、基本的な操作はviと同様であるため、通常使用において特に意識する必要はない。

⊙ コマンドモードと入力モード

viには、**コマンドモード**と**入力モード**の2種類の操作モードがある。viを使用するには、この2つの操作モードについて理解する必要がある。

● コマンドモード

キーボードで入力した文字が、すべて命令として解釈される状態のことである。「ノーマルモード」や「ナビゲーションモード」とも呼ばれる。起動した直後は、コマンドモードになっている。

コマンドモードでは、コマンドの大文字と小文字は区別され、異なる機能を実装する。また、コマンドを使用してファイルの編集を行うことも可能である。

なお、使用頻度の高いコマンドについては、次節以降で説明する。

● 入力モード

文字をカーソル位置に入力するモードで、Windowsのメモ帳のように、入力した文字がすべて反映される状態のことである（編集モード、挿入モードとも呼ばれる）。コマンドモード時に切り替えコマンドを入力することで、入力モードに移行できる。

[Esc]キーを押すと、入力モードから抜け、再びコマンドモードに移行する。

※ シェル……ユーザーとカーネルをつなぐインターフェースのこと。10-1節「シェルの役割」を参照。
※ Vim……本書では、どちらもviと記載する。

2 viの基本的な操作

重要度 ★★★★

テキストエディタのviでは、ファイルの保存や終了、コピー、貼り付け、削除など
が実行できる。この節では、viの基本的な操作方法などについて、実行例を示しな
がら説明する。

☑ Point

◆ viの基本的な操作

- 起動するには、ターミナルでviと入力する。
- 通常の起動方法は、viに続けて、編集するファイル名を指定する。
- カーソルの移動には、コマンドもしくは矢印キーを使用する。
- 行頭や行末、ファイルの先頭など、大幅にカーソル移動するためのコマン
  ドも用意されている。
- 入力モードに移行するには、切り替えコマンドを使用する。
- 入力モードからコマンドモードに移行するには、[Esc]キーを押す。
- ファイルの保存と終了には、複数のコマンドがある。
- コマンドを実行する時は、まず「:」を入力する。
- 文字や行のコピー、貼り付け、削除するためのコマンドがある。

⊙ viの基本的な操作

viの起動方法、カーソルの移動とモードの切り替え、ファイルの保存と終了、
基本的な編集操作について説明する。

● viを起動する

viを起動するには、ターミナル※でviコマンドを実行する。通常はviに続けて、
編集したいファイル名を引数※として指定する。

※ **ターミナル**……GUI上でコンソールのコマンドを入力するためのアプリケーションのこと。
※ **引数**……コマンドやスクリプトの実行時に、処理対象として与える値のこと。コマンドやスクリプトは
　その値に従って処理を行い、結果を返す。10-3節「シェルスクリプト」を参照。

■ viコマンド

コマンド	説明
vi [ファイル名]	viを起動する。viの後にファイル名を指定すれば、そのファイルを開く

■ 実際のviの画面

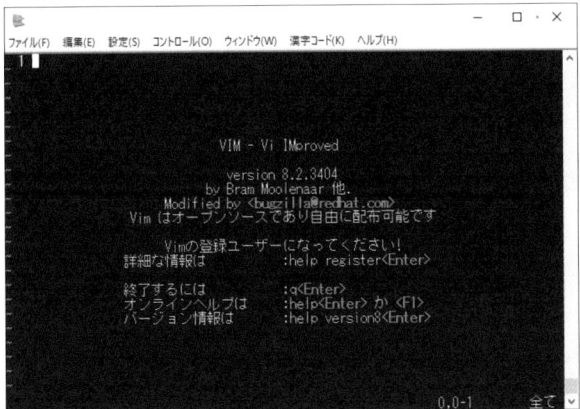

● カーソルを移動する / モードを切り替える

　カーソルを移動させるには、**コマンドモード**で次の表のコマンドもしくは矢印キーを使用する。

■ カーソル移動コマンド

コマンド	説明
h(または←キー)	左へ1文字、移動する
j(または↓キー)	下へ1文字、移動する
k(または↑キー)	上へ1文字、移動する
l(または→キー)	右へ1文字、移動する
0(または^キー)	カレント行※の行頭へ移動する
$	カレント行の行末へ移動する
%	現在のカーソル位置にある括弧と対応する括弧に移動する
+(または改行)	次の行の先頭に移動する
gg	ファイルの先頭に移動する
G	ファイルの末尾に移動する
1G	先頭行に移動する

※ **カレント行**……カーソルがある行のこと。

また、コマンドモードで次の表のコマンドを入力すると、**入力モード**に切り替わる。

■ 入力モード切り替えコマンド

コマンド	説明
i	カーソル位置から入力を開始する
I	カレント行の先頭に移動し、その位置から入力を開始する
o	カレント行の下に空白行を挿入し、その行で入力を開始する
O	カレント行の上に空白行を挿入し、その行で入力を開始する
a	カーソルの右側の位置から入力を開始する
A	カーソルを行末に移動し、その位置から入力を開始する

切り替えコマンドの入力後、左下に**挿入**と表示されていれば、モードの切り替えが正常に行われている。

■ viの入力モードの画面

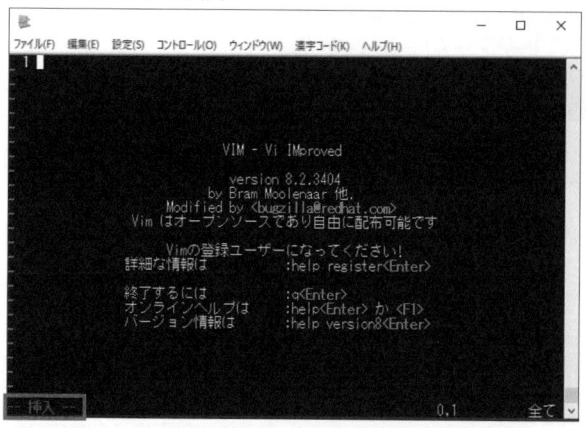

また、入力モードからコマンドモードに移行するには、[Esc]キーを押す。

● ファイルを保存する/終了する

viを終了したり、ファイルを保存したりする方法は複数ある。次ページの表で紹介しているコマンドを使用することで、一通りの操作が行える。コマンドを入力する際は、まず初めに「:」(コロン)を入力する※。

なお、ファイル名を指定せずにviを起動させた場合、ファイル名を指定して保存する必要がある。その場合、変更内容を保存するコマンドである「:wq」もしく

※「:」を入力する……一部のカーソル移動コマンドについては、「:」を必要としない。

は「:w」の後にファイル名を指定する。

■ ファイルの保存、終了のコマンド

コマンド	説明
:wq	保存して終了する、通常の終了方法
:w	ファイルを保存する。viは終了しない
:q	終了する。ファイルが変更されていた場合は終了できず、エラーになる
:q!	変更内容を保存せず、強制終了する

　viでファイルを編集し、それを保存して終了するまでの流れは、下記の通りとなる。

①ターミナルで「vi test.txt」と入力する。

$ vi test.txt

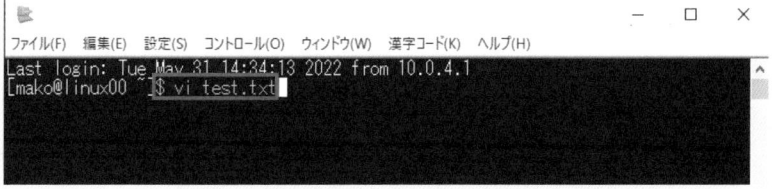

②viが起動し、同時に「test.txt」という名前でファイルが開かれる。

③入力モードに切り替え、文字（この例では「hello」）を入力する。

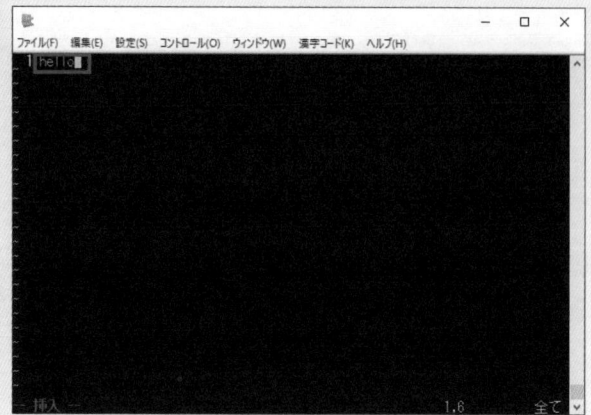

④[Esc]キーで入力モードを抜け、:wqコマンドで保存と終了を実行する。

:wq

⑤ファイルが正常に保存されたことを、catコマンドで確認してみる。

$ cat test.txt

● 基本的な編集操作

入力モード時の編集作業でよく使うコマンドを、次の表にまとめた。

■ 削除/コピー /貼り付け/切り取りコマンド

コマンド	説明
dd	カレント行を削除する。削除した行はバッファにコピーされる
yy	カレント行をバッファ※にコピーする
p	カーソル位置の後に、バッファの内容を貼り付ける
x(または[Delete]キー)	カーソル位置の1文字を切り取る
X(または[Backspace]キー)	カーソル位置の左の1文字を切り取る

簡単な編集作業の流れは、下記の通りとなる。

例

①yyコマンドで、先頭行をコピーする。

②カーソルを末尾行まで移動し、コピーした内容をpコマンドで貼り付ける。

※ バッファ……ハードディスクなどに記録されているデータの一部を高速なメモリに移すこと。

3 viの機能

重要度 ★★★★

viには、いくつかの便利な機能が備わっている。この節では実行例を示しながら、それら機能を利用するためのコマンドなどについて解説する。

☑ *Point*

◆ viで使用できるコマンド
- 検索や操作の取り消し、繰り返しをするためのコマンドがある。

◆ 各種設定項目の確認・変更
- 様々な設定項目の確認・設定を行うには、setを使う。

⦿ viで使用できるコマンド

文字列を検索したり、実行した編集操作（コマンド）を取り消したりするコマンドが用意されている。下記によく使うコマンドを示す。

■ 検索/取り消し/繰り返しコマンド

書式	説明
u	直前のコマンドを取り消す
[Ctrl]+[R]キー	直前の編集操作を繰り返す
.（ピリオド）	直前の編集操作を繰り返す。いちど複写した内容を、別の複数個所に貼り付けたいする場合などに使う
/検索文字列	「/」の後に続く文字列をファイル末尾に向かって検索する（順方向）
?	「?」の後に続く文字列をファイルの先頭に向かって検索する（逆方向）
n	直前の検索を順方向（同じ方向）に繰り返す
N	直前の検索を逆方向に繰り返す

/コマンドで、末尾に向かって文字列「d」を検索する。マッチした箇所は反転表示される。

/d

各種設定項目の確認・変更

各種設定項目の確認・設定を行うには、setコマンドを使う。ほかのコマンドと同様、setと入力する前にコロンを入力する。

ほとんどの設定項目はトグル※になっており、機能を無効化するには、接頭に「no」を付ける。例えば、「set number」とすれば行番号を表示するが、逆に表示させない場合は「set nonumber」とする。

※ トグル……2つの状態が交互に切り替わるような仕組み。

■ 代表的な設定項目

書式	略記法	説明
:set number	:set nu	行番号を表示する
:set nonumber	:set nonu	行番号を表示しない
:set ignorecase	:set ic	検索時に大文字・小文字を区別しない
:set noignorecase	:set noic	検索時に大文字・小文字を区別しない
:set tabstop=<文字数>	:set ts=<文字数>	タブスペースを指定する
:set list		タブ文字を「^I」（CTRL-I）で表示し、行末を「$」で表示する。確認のために、空白表示される文字を可視化するのに使う
:set nolist		list表示機能を解除する
:set all		すべてのオプションを表示する

setコマンドで、行番号を表示する。

:set number

例

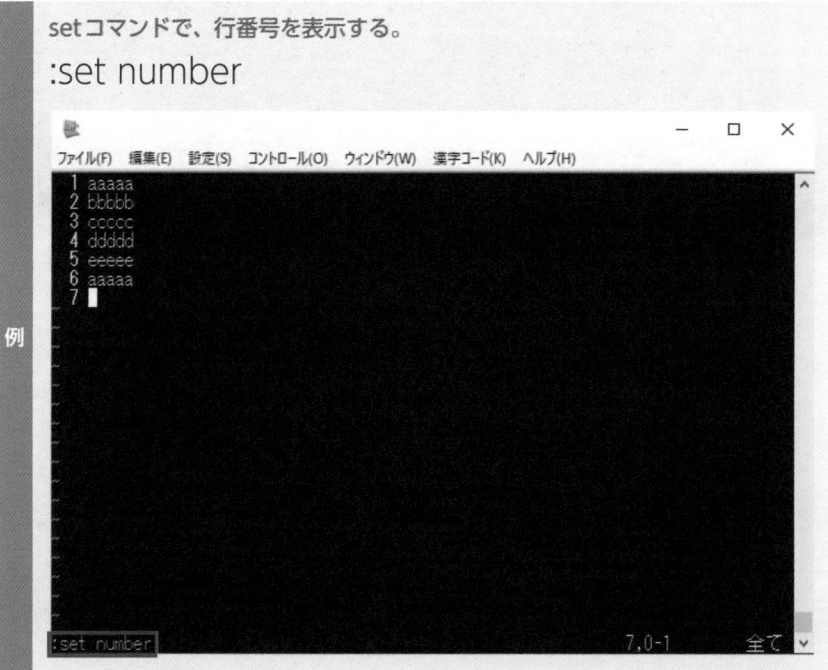

練習問題

「Ping-t 最強WEB問題集 Linux Essentials（Ver1.6）」より出題！

1 Linuxで利用可能なテキストエディタはどれか。三つ選べ。（問題ID：2653）

   （a）edit

   （b）vi

   （c）Emacs

   （d）file

   （e）nano

2 viにおいて、入力モードからコマンドモードへ切り替えるにはどのキーを入力すればよいか。（問題ID：2844）

   （a）Alt

   （b）Ctrl

   （c）Esc

   （d）Shift

   （e）Tab

3 viにおいてコマンドモードから入力モードへ切り替えるキーはどれか。三つ選べ。（問題ID：2843）

   （a）a

   （b）i

   （c）u

   （d）o

   （e）x

4 vi において、ファイル名「file.txt」で保存するコマンドはどれか。（問題ID : 2845）

(a) w file.txt

(b) :w file.txt

(c) :ww file.txt

(d) :q file.txt

(e) o file.txt

5 vi において、ファイルを保存して vi を終了するコマンドはどれか。（問題ID :2846）

(a) :q!

(b) :aq

(c) :oq

(d) :wq

(e) :iq

6 vi において、編集した内容をファイルを保存せずに vi を終了したい。適切なコマンドはどれか。（問題ID: 2848）

(a) :q

(b) :wq

(c) :qq

(d) Esc

(e) :q!

第 **8** 章

サーバーの仕組み
【知識】

　第8章では、Linuxがサーバーとしてどのように利用されているのかを把握し、サーバー管理にまつわる事柄について、概要レベルで説明する。

■ keyword

□クラウド
□代表的なLinuxサーバー
□マルチユーザー環境
□インターネットプライバシー

1 オンプレミスとクラウド

重要度 ★★★★

サーバーとは、サービスを提供するコンピュータを指す言葉であることを第1章で説明した。この節では、2種類の利用形態と、それぞれのメリット・デメリットなどについて説明する。

☑ *Point*

◆ オンプレミス
- サーバー環境を自社で運用する利用形態のことをオンプレミスと言う。
- オンプレミスは、クラウドに比べて初期費用が大きいが、社内システムとの連携が行いやすい。

◆ クラウド
- ネットワークを経由して、サーバーなどをサービスとして利用する形態のことをクラウドと言う。
- 代表的なクラウドサービスには、AWS、Microsoft Azure、GCPがある。
- クラウドサービスモデルには、IaaS、PaaS、SaaSなどの種類がある。

◉ オンプレミス

オンプレミスは、サーバーやネットワーク機器・ソフトウェアなどのサーバー環境※を自社で購入し、構築・運用することである。略してオンプレとも呼ばれる。すべてを自社でまかなうため、初期導入コストが大きくなることや、構築までに時間がかかること、障害時の対応コストがかかることなどのデメリットがある。

一方で、一切の制約がないため、カスタマイズの自由度が高く、既存の社内システムとも連携しやすい。

◉ クラウド

クラウドは、ネットワークを経由して、ソフトウェアやインフラサービスを利用する形態のことである。

※ **サーバー環境**……サーバー機器とOSに加え、それを取り巻くネットワーク機器などを併せた総称。

ネットワークにさえ接続できれば、いつでも、どこからでも必要な分だけ※利用できる。オンプレミス環境に比べると、機器調達などの初期費用が省け、導入コストを大幅に抑えることができる。

また、物理リソースを柔軟に管理する仕組みが備わっているので、データ量や処理が増大した場合でも、並列サーバーの台数や、CPU・メモリといったリソースを簡単に拡張できる。

代表的なクラウドサービスには、AWS (Amazon Web Service)、Microsoft Azure、GCP (Google Cloud Platform) がある。

Linuxは、クラウド環境におけるサーバー OSとして広く活用されているため、多くの技術者にとって、Linuxの知識は非常に重要である。

● クラウドサービスモデル

クラウドという言葉が指し示す範囲は、非常に広い。そのため、サービスモデルごとに分類し、それぞれを別の用語で呼ぶのが一般的である。代表的なサービスモデルには、IaaS、PaaS、SaaSなどがある。

❶ IaaS

IaaS (Infrastructure as a Service:イアース)は、サーバーや機材、ネットワークなどのインフラを提供する形態を指す。

❷ PaaS

PaaS (Platform as a Service：パース)は、サーバー側でのソフトウェア開発をターゲットにしており、OSやデータベース・ミドルウェアなど、プラットフォームの一切を提供する形態を指す。

❸ SaaS

SaaS (Software as a Service：サース)は、アプリケーションをサービスとして提供する形態を指す。インターネット回線さえ接続すれば、すぐに利用できる。Google Workspace (グーグル・ワークスペース)などが典型例である。

※ いつでも、どこからでも必要な分だけ……従量課金制の場合。

2 サーバーの用途

重要度 ★★★★

> インターネットのECシステムのほとんどは、Web3層構造システムで運用されている。この節では、Web3層構造システムなどのサーバーの用途について説明する。

☑ *Point*

◆ Web3層構造システム

- Web3層構造システムは、Webサーバー、APサーバー、DBサーバーで構成されている。
- サーバー内に保存されているHTMLファイルや画像ファイルなどのデータを提供するサーバーをWebサーバーと言う。
- クライアントからの問い合わせに応じて、サーバー側でアプリケーションを実行するサーバーをAPサーバーと言う。
- データを蓄積し、検索、更新、修正などを行うDBMSが動作するサーバーをDBサーバーと言う。

◆ メールシステム

- メールの送受信を担うサーバーをメールサーバーと言う。
- メールサーバーは、基本的にメールの転送を行うMTAと、メールの配送を行うMDAの2種類のエージェントで構成される。

◉ Web3層構造システム

代表的なサーバーの種類には、Webサイトを提供するWebサーバーや、アプリケーションを実行するAP (APplication) サーバー、データベースを管理するDB (DataBase) サーバーがある。これらのサーバーを一連のシステムとして構成したものを**Web3層構造システム**と呼び、インターネットのEC (Electronic Commerce：電子商取引) システムのほとんどは、Web3層構造システムである。また、その多くがLinux上で運用されている。

● 3層構造にするメリット

Webシステムを3層構造にする主な理由は、下記の通りである。

❶パフォーマンス

それぞれの特性ごとにサーバーを用意したほうが、全体的なパフォーマンスを発揮しやすい。

❷保守性

運用開始後にアクセス数が増大し、全体の処理が遅くなってしまった時など、あらかじめ層を分けていた方が、スケールアップ※などがやりやすい。

また、故障の際にも範囲を限定できるので、保守計画が立てやすい上、他サーバーへの影響を回避できる。

❸セキュリティ対策

Webサーバーの背後にAPサーバーやDBサーバーを配置することで、機密情報を外部と遮蔽(しゃへい)することができるため、情報漏洩などのリスクを低減することができる。

■ Web3層構造システムのイメージ

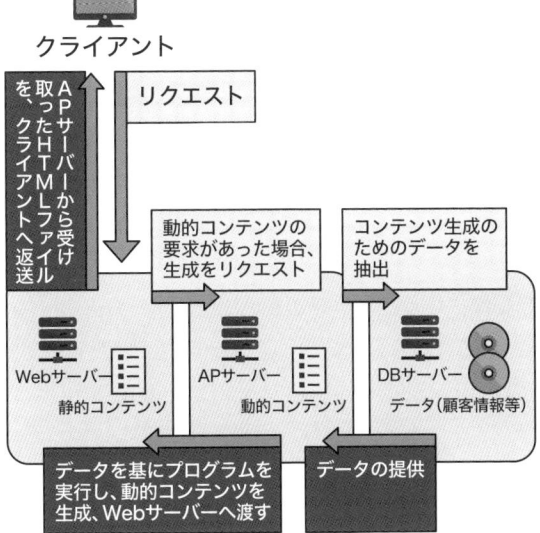

※ **スケールアップ**……処理能力を向上させる方法の1つ。CPUやメモリなどの機能部品を増設したり、あるいは上位スペックに交換するなどして、パフォーマンスを向上させること。

● Web3層構造システムのサーバー構成

Web3層システムを構成する、それぞれのサーバーについて説明する。

❶ Webサーバー

Webとは、WWW (World Wide Web)のことであり、Webサーバー上に保存されている文書を、Webページ※として提供するサーバーである。Webサーバーは、クライアントのWebブラウザからリクエストを受け、それに応じてHTMLファイルや画像ファイルを送信する。

ただし、取り扱えるコンテンツは文書や画像といった、いわゆる静的なものに限られるので、問い合わせに応じて内容が変わる**動的コンテンツ**※を生成する機能はない。よって、こうした動的コンテンツについては、後述のAPサーバーで処理することになる。

代表的なWebサーバーソフトウェアとしては、オープンソースソフトウェアのApache HTTP Server (アパッチ・エイチティーティーピー・サーバー)やNGINX (エンジンエックス)、Microsoft社が提供しているIIS (Internet Information Services)などがある。

❷ APサーバー

クライアントからの問い合わせに対して、サーバー側でアプリケーションを実行するサーバーがAPサーバーである。

Webサーバーが受け取ったクライアントからの問い合わせが、必要に応じてAPサーバーに転送されると、問い合わせ内容に応じてアプリケーションが起動し、DBサーバーと連携しながら処理結果をWebサーバーに返す。

前述の通り、Webサーバーが静的なコンテンツしか扱えないのに対し、APサーバーでは例えば、認証されたアカウント情報に応じて、個別の処理内容を返却するといったアプリケーションを動作させることができる。

なお、代表的なAPサーバーとしては、オープンソースソフトウェアのTomcat (トムキャット)や、Oracle社のWebLogic (ウェブロジック)などがある。

※ **Webページ**……Webブラウザで閲覧可能な、ページ単位の文書のこと。
※ **動的コンテンツ**……ネットショップやオークション、銀行のインターネットバンキング、SNSなど。

❸DBサーバー

定型化されたデータを一元的に蓄積し、その検索・更新・削除などの操作を担うDBMS（DataBase Management System：データベース管理システム）が動作するサーバーが、DBサーバーである。

APサーバーなど他のサーバーから要求を受け、検索結果を返したり、データを修正したりする機能を持つ。システムの規模にもよるが、DBサーバーには大容量のストレージが必要となる。

代表的なDBサーバーとしては、オープンソースソフトウェアのMySQL（マイエスキューエル）やPostgreSQL（ポストグレスキューエル）、MariaDB（マリアデービー）、Oracle社のOracle Database（オラクル・データベース）、Microsoft社のSQL Server（エスキューエル・サーバー）などがある。

● Web3層構造システムの処理フロー

Web3層構造システムの処理フローは、次のようになる。

①Webサーバーがクライアントからのリクエスト（ページ閲覧要求）を受け取る。
②Webサーバーは静的コンテンツに関しては返答を行い、動的コンテンツに関してはAPサーバーに処理をリクエストする。
③APサーバーは、DBサーバーにクライアントのデータをリクエストし、そのデータから各クライアントの動的コンテンツを生成し、Webサーバーに提供する。
④動的コンテンツを受け取ったWebサーバーは、その情報をクライアントへ送信する。

◉ メールシステム

Webシステム以外の代表的なサーバーシステムに、**メールシステム**がある。

メールシステムは、下記の3つの機能に分けることができ、それぞれの機能を担うプログラムを**エージェント**と呼ぶ。ただし、MUAはサーバー側に用意されているものではなく、ユーザーが端末側にインストールするメールクライアント（メーラー）のことである。送信と受信の役割を、1台のサーバーに同居させることも多い。

❶MTA

MTA（Mail Transfer Agent：メール転送エージェント）は、メールの転送を行う。

❷MDA

MDA（Mail Delivery Agent：メール配送エージェント）は、メールの配送（仕分け）を行う。

❸MUA

MUA（Mail User Agent：メールユーザーエージェント）は、送達されたメールを受信し、ユーザーごとに仕分ける。

● メールサーバー

メールの送受信を担うサーバーを**メールサーバー**と呼ぶ。認証を受けたユーザー（クライアント）がメールを送信すると、それをSMTP（Simple Mail Transfer Protocol）サーバーのMTAが受け取る。MTAは送信先アドレスをもとに**DNS**（Domain Name System）※から送信先サーバーのIPアドレスを取得し、そこにメールを送信する。

送信されたメールは、相手側メールサーバーのMTAが受け取った後、MDAがアドレスを確認して、ユーザーごとメールボックスに格納する。

MDAによってユーザーごとに仕分けされたメールは、それぞれのユーザーがメーラーで受信することができる。

※ DNS……ドメイン名（インターネット上に存在するコンピュータやネットワークを識別するための名前）とIPアドレスの対応付けや、メールの宛先ホストを指示するためのシステム。11-1節「ネットワークの基礎」を参照。

この時、メーラーとMDAのやり取りに使われる仕組みが**POP** (Post Office Protocol：ポップ)[※]や**IMAP** (Internet Message Access Protocol：アイマップ)[※]と呼ばれるものである。

■ メールの送受信の流れ

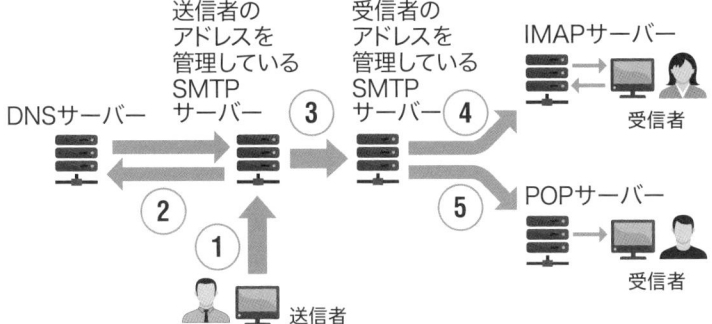

①ユーザーが送信したメールは、SMTPサーバーのMTAに預けられる。

②受け取ったメールの宛先をもとに、転送すべき相手側メールサーバーのIPアドレスをDNSに問い合わせる。

③DNSから取得したアドレスに、メールを転送する。

④相手側のメールサーバーでは、MTAがメールを受信した後、MDAがユーザーごとのメールボックスにメールを格納する。

⑤相手側ユーザーは、POPもしくはIMAPを使って、メールを受信・閲覧する。

※ **POP**……もっとも広く利用されている仕組みで、メールサーバーに保存されたメールを、メーラーによりダウンロードする。いちど受信したメールは原則、サーバー上から削除される（設定により変更可能）。

※ **IMAP**……サーバー上のメールをダウンロードではなく、参照するための仕組みで、ダウンロードと異なり、参照したメールが削除されることはないため、複数の端末から同一のメールボックスを参照することができる。ただし、参照しているメールを削除したり、既読・未読の設定を行うと、ほかの端末から確認しても、その状態が反映されている。

3 ユーザーとグループ

重要度 ★★★★

Linuxのユーザーには3種類があり、それぞれできることが異なっている。この節では、ユーザーとグループの種類、切り替え方法などについて、実行例を示しながら説明する。

☑ *Point*

◆ マルチユーザー環境

- 1台のコンピュータに対して、同時に複数のユーザーが利用できることをマルチユーザー環境と言う。

◆ ユーザーの種類

- 管理者(rootユーザー)は、システム管理のために、あらゆる制限が撤廃される特権ユーザーである。
- 一般ユーザーは、アプリケーションを利用できるが、システムの設定変更はできない。
- システムアカウントは、特定のアプリケーションをインストールや起動するためのユーザーである。

◆ 管理者権限の使用

- 管理者権限が必要なコマンドの実行は、sudoを使う。
- 一時的にユーザーを切り替えるには、suを使う。

◆ プロンプトの確認

- プロンプトが「#」なら管理者、「$」なら一般ユーザーでログインしている。

◆ グループ

- ユーザーの作成時は、どこかのグループに所属する必要があり、このグループをプライマリグループと言う。
- 新規グループの作成はgroupadd、グループの削除はgroupdelを使う。

◆ パーミッション

- ファイルやディレクトリに設定するアクセス権をパーミッションと言う。

● マルチユーザー環境

マルチユーザー環境は、1台のコンピュータに対して同時に複数のユーザーがログインし、システムやアプリケーションを利用できる環境のことである。

Linuxは、マルチタスク・マルチユーザーをサポートするOSであるため、複数のユーザーが同時並行してログインし、作業することができる。

また、セキュリティを担保するため、各ユーザーが利用できる領域を細かく設定することができる。

● ユーザーの種類

Linux上のユーザーには、**管理者**と**一般ユーザー**がある。また、特定のアプリケーションを起動するための**システムアカウント**があるが、基本的にログインはできない。なお、それぞれのユーザーには一意の**UID**（User ID）が割り当てられる。

● 管理者

管理者は「rootユーザー」や「スーパーユーザー」などと呼ばれ、システム管理のために、あらゆる制限が撤廃される特権ユーザーで、そのUIDは常に0である。コンピュータ上のすべてのリソースにアクセスできることから、セキュリティ対策上のネックにもなっている。

もし管理者が操作ミスをしたり、あるいは第三者に**管理者権限（root権限）**を搾取されてしまった場合、システムに甚大な被害を及ぼす恐れがある。そのため、管理者で作業する際には、管理者アカウントでの直接ログインを禁止し、必要時にのみ昇格するのが望ましい。

また、不用意に管理者権限を奪取されないよう、セキュリティ対策にも万全を期すことが求められる。

● 一般ユーザー

一般ユーザーは、Linuxにログインして各種アプリケーションを利用することはできるが、ユーザーの追加など、システムの設定変更はできない。UIDは1000（4桁）から始まるが、一部の古いシステムでは500からになる。

● システムアカウント

システムアカウントは、システムを制御する目的で作成されるアカウントであり、通常はOSや特定のアプリケーションをインストールする際に自動作成される。一般的に、対話型の作業をするためにログインすることはなく、よってパスワードも設定されていない。

システムアカウントの例としては、binやdaemon、nobudyなどのOSビルトインのものや、Apache Webサーバーを起動するためのapacheアカウントなどがある。

◉ 管理者権限の使用

● ログインせずに管理者権限でコマンドを実行する

管理者権限（root権限）でコマンドを実行する時に使用するのが**sudo**コマンドである。使用する際には原則、パスワードの入力※が必要となる。また、管理者（rootユーザー）への昇格を許可するユーザーを制限したり、特定のユーザーが実行できるコマンドを制限するなど、きめ細かい設定※も可能である。

■ sudoコマンド

書式	説明
sudo [コマンド]	管理者権限（root権限）が必要なコマンドを実行する

例	sudoコマンドで管理者権限を使用し、「oda」というユーザーをホームディレクトリ付きで作成する。 $ sudo useradd -m -d /home/oda oda

---

※ **パスワードの入力**……パスワード入力を要しないように、/etc/sudoersファイルに設定することが可能。
※ **きめ細かい設定**……/etc/sudoersファイルに記述して設定する。

● ユーザーを切り替える

suコマンド※はログインしなおすことなく、一時的にユーザーを切り替えるコマンドである。管理者（rootユーザー）へ切り替えるために使用するケースが圧倒的だが、引数※により管理者以外のユーザーを指定することもできる。使用に際しては、切り替えるユーザーのパスワードを入力する必要がある。

なお、suコマンドにより管理者に切り替えることは、管理者としてログインすることと何ら変わらない。したがって、セキュリティリスクを低減させるためにも、なるべくsudoコマンドを使うのが望ましい。

■ suコマンド

書式	説明
su [-] [ユーザー名]	ユーザーを切り替える

主なオプション	説明
オプションなし	指定したユーザーに切り替える。ユーザー名を省略した場合は管理者（rootユーザー）が指定されたものとみなす
-(ハイフン)	切り替えるユーザーのスタートアップファイルを読み、環境変数※を再設定する（ログインシェルにする）

例　管理者（rootユーザー）に切り替え、シェルをログインシェルにする。

```
$ su -
```

● ログアウト

suコマンドでほかのユーザーに切り替えて、必要な作業を終えたら、必ず**exit**コマンドでログアウトする。切り替えたユーザーアカウントを不必要に使い続けることのないように注意したい。

※ **suコマンド**……suは「substitute user（＝代わりのユーザー）」を意味する。
※ **引数**……コマンドやスクリプトの実行時に、処理対象として与える値のこと。コマンドやスクリプトはその値に従って処理を行い、結果を返す。10-3節「シェルスクリプト」を参照。
※ **環境変数**……OSが備える共有機能の1つであり、プロセス（プログラム）の挙動を調整するためのパラメータの一種。10-2節「変数」を参照。

■ exitコマンド

書式	説明
exit	ログアウトする

例 exitコマンドで現在のユーザーからログアウトする。
$ exit

◉ プロンプトの確認

　シェル※で作業をしている時、自分がどの種類のユーザーでログインしているかを見分けるには、**プロンプト**を確認すればよい。

　プロンプトが「**$**」であれば一般ユーザー、「**#**」であれば管理者（rootユーザー）である。

■ **一般ユーザーがsuでコマンドで管理者（rootユーザー）になった時の状態**

◉ グループの操作

　ユーザーは、一意の**GID**（Group ID）が割り当てられた**グループ**に必ず所属する必要がある。このグループを**プライマリグループ**と呼ぶ。

　また、ユーザーはプライマリグループとは別のグループに所属することもでき、これを**セカンダリグループ**と呼ぶ。こちらはプライマリグループと異なり、複数のグループに所属することができる。

　グループの主な使い方として、権限の設定がある。もしグループの概念がなければ、ユーザーごとにしか権限を設定できないが、グループであれば、同じグループに所属する複数のアカウントをまとめて扱うことが可能になる。

※ **シェル**……ユーザーとカーネルをつなぐインターフェースのこと。10-1節「シェルの役割」を参照。

● 新規グループを作成する

新規グループを作成するには、**groupadd** コマンドを使用する。

■ groupaddコマンド

書式	説明
groupadd グループ名	新規グループを作成する

例 groupaddコマンドでグループ「guest01」を作成する。
groupadd guest01

● グループを削除する

グループを削除するには、**groupdel** コマンドを使用する。

■ groupdelコマンド

書式	説明
groupdel グループ名	グループを削除する

例 groupdelコマンドでグループ「guest01」を削除する。
groupdel guest01

◉ パーミッション

Linuxは、マルチユーザー環境であるため、セキュリティ上の観点から、ファイルやディレクトリにアクセス権を設定する必要がある。このアクセス権のことを**パーミッション**と呼ぶ。

パーミッションは、「所有者」「グループ」「その他のユーザー」ごとに、「読み取り可能」「書き込み可能」「実行可能」を設定でき、それぞれの権限を「読み取り権限(r)」・「書き込み権限(w)」・「実行権限(x)」で表している。

なお、パーミッションについての詳しい説明は、6-2節「パーミッション」を参照のこと。

4 インターネットプライバシー

重要度 ★★★★

インターネットを安全に利用するには、情報の保護対策が必要になる。この節では、cookieやプライバシー機能などのインターネットプライバシーについて説明する。

☑ Point

◆ インターネットプライバシー

- cookieは、利用者が初めてWebサイトにアクセスした際に、Webブラウザに保存される小さなファイルである。
- Webブラウザのプライバシー機能により、過去の履歴やcookieを任意のタイミングで削除することができる。
- プライベートブラウジングを使用すると、閲覧履歴やパスワードなどをウィンドウを閉じたタイミングで自動的に削除できる。

◉ インターネットプライバシー

インターネットの利用者は、基本的にWebブラウザを使用して様々なWebサイトを検索・閲覧する。この多くのアクションは、Web広告業者などの第三者によって追跡・分析されており、プライバシーの侵害ととらえる人も多い。

インターネットを安全に使用するにあたり、第三者からの追跡の仕組みを知り、追跡などの防止や情報を保護する対策が必要になる。

● cookie

cookie（クッキー）とは、利用者がWebサイトにアクセスした際に、ブラウザに保存される小さなファイルである。

cookieには、利用者がWebサイトにアクセスした情報などが記録されているため、cookieを有効にすることで、過去ログインしたWebサイトへ自動的にログインでき、ログイン状態の維持やショッピングサイトのカートの商品を記録したままにできる。その一方で、Web広告業者がcookieを利用して、類似商品の広告を配信※することもできる。

※ **類似商品の広告を配信**……リマーケティング広告と呼ばれ、Webサイトに訪れたものの、離脱したユーザーを追跡して広告を表示する。

● プライバシー機能

　Microsoft Edge（マイクロソフト・エッジ）やGoogle Chrome（グーグル・クローム）、Mozilla Firefox（モジラ・ファイアフォックス）などのWebブラウザでは、トラッキング※防止機能の強化や過去の履歴、cookieを任意のタイミングで削除することができる。これらの機能を一般的に**プライバシー機能**と呼ぶ。

　例として、Mozilla Firefoxでは、次の画面からプライバシーに関する設定を行える。Firefoxの場合は、右上の[設定]アイコン→[オプション]→[プライバシーとセキュリティ]を選択する。

■ プライバシーとセキュリティ

● プライベートブラウジング

　公共の場に設置されたパソコンを使用したり、共有アカウントを使用したりすると、閲覧履歴等の情報が残ってしまう。その場合、次の利用者に情報を知られてしまう可能性がある。

　プライベートブラウジング（名称はブラウザによって異なる）を使用すると、閲覧履歴やパスワード、cookieなどをウィンドウを閉じたタイミングで自動的に削除することができる。

※ **トラッキング**……ユーザーがWebサイト内のどこを閲覧しているのかを追跡・分析すること。

　Firefoxの場合は、右上の[設定]アイコン→[新しいプライベートウィンドウ]を
選択する。

■ 新しいプライベートウィンドウ

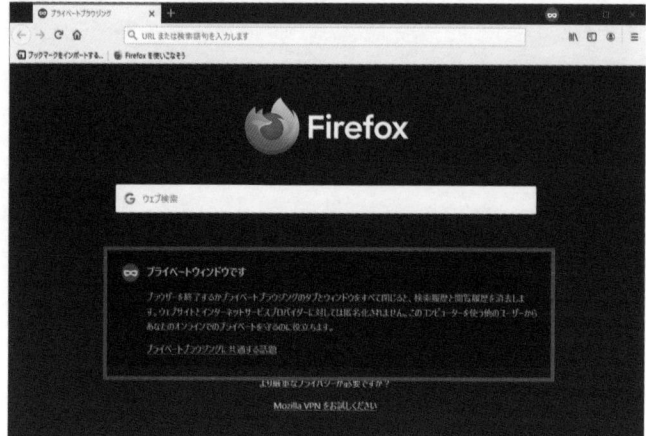

練習問題

「Ping-t 最強WEB問題集 Linux Essentials(Ver1.6)」より出題!

1 クラウドにおけるサービスモデルとはどれか。三つ選べ。(問題ID：2605)

(a) LaaS(Linux as a Service)

(b) IaaS(Infrastructure as a Service)

(c) OaaS(OS as a Service)

(d) PaaS(Platform as a Service)

(e) SaaS(Software as a Service)

2 Linuxのサーバーアプリケーションのうち、Webサーバーとして機能するものはどれか。(問題ID：2692)

(a) Postfix

(b) Samba

(c) NGINX

(d) ownCloud

(e) NFS

3 社内システム用にデータベースサーバーを構築したい。ライセンスやソフトウェアを購入することなく、オープンソースのソフトウェアを利用したいとき、選択できるソフトウェアはどれか。二つ選べ。(問題ID：2696)

(a) NFS

(b) Dovecot

(c) MariaDB

(d) Oracle Database

(e) MySQL

4 一般ユーザーでログインした場合、プロンプトの末尾に表示される文字は何か。(問題ID : 2721)

(a) $

(b) #

(c) \

(d) >

(e) _

5 su コマンドで実現可能なものはどれか。(問題ID : 2931)

(a) ユーザーのパスワードを変更する

(b) ログイン中に別のユーザーへ切り替える

(c) ログイン中にroot ユーザーにのみ切り替える

(d) ユーザー名やグループなどアカウント情報を参照する

(e) ログイン中のユーザーのアカウント情報を書き換える

6 インターネットブラウザにおけるcookie (クッキー)について、正しく述べているものはどれか。三つ選べ。(問題ID : 2716)

(a) 広告業者などによって、ユーザーが閲覧・購入した商品の広告に利用される

(b) プライベートブラウジングを用いることで、ブラウザの使用を終えた後のcookieを削除することができる

(c) cookieを無効にすることはできない

(d) cookieを有効にすることで、過去ログインしたwebサイトへ自動的にログインが行える

(e) cookieは大容量のファイルとしてインターネットサービス側に保存されている

第 **9** 章

サーバーの管理
【実践】

　第8章では、Linuxがいかにサーバーに適しているOSであるかを学んだ。第9章では、実際にサーバーを管理する際に必要となる知識を、実践を通して学んでいく。

■ keyword ■

- □ Linuxの起動順番
- □ サービス操作
- □ プロセスの管理
- □ ジョブの管理
- □ ログとログファイル

Linuxが起動する順番

※本節は試験範囲外ながら、実務で必要となるために記載

重要度 ★★★★

電源ボタンを押してからOSが起動するまでに、いろいろなプログラムが連動して動いている。この節では、電源投入からサービスの起動までの流れなどについて説明する。

☑ *Point*

◆ **サービス起動までの流れ**

- 電源を入れてからサービスが起動するまでの流れは、❶電源ON→❷ BIOS/UEFI起動→❸ブートローダ起動→❹カーネル起動→❺systemd/ init起動→❻サービス起動という流れになる。

◉ サービス起動までの流れ

OSの起動では、単純なプログラムが、より複雑なプログラムを段階的に起動させる仕組みになっている。

コンピュータの電源をONにしてから、サービスが起動するまでの順序は、下記の通りである（次ページの図を参照）。

❶電源ボタンを押す。

❷電源が入ると、ROMから**BIOS**（Basic Input/Output System：バイオス）を読み込み、ハードウェアのチェックや初期化が行われる。

❸処理が終わると、起動ディスクから**MBR**（Master Boot Record）を読み込み、OSを起動するためのブートローダも読み込む。ブートローダは、コンピュータの起動直後に自動的に実行されるコンピュータプログラムで、ストレージ（外部記憶装置）からOSのカーネルをメモリに読み込む。

❹カーネルがメモリの初期化などを行い、最初に起動させるプログラムである**systemd**（システムディー）※を読み込む（従来のSys V initシステムでは、systemdの代わりにinitプログラムが用いられる）。

※ systemd……詳しくは、次節を参照。

❺systemdが起動して、サービスを利用可能な状態にする。

❻設定されている順序でサービスが起動する。

■ 電源ONからサービス起動までのフロー

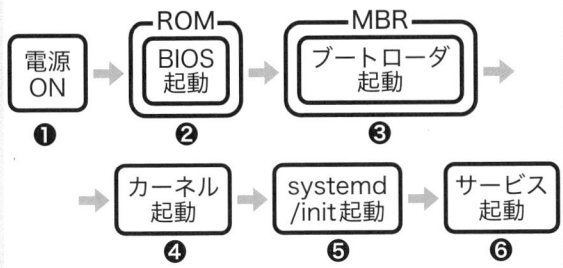

　現在では、❷のタイミングでBIOSの後継にあたる**UEFI** (Unified Extensible Firmware Interface) が使われることが一般的だが、起動の順番はBIOSと同じである。なお、UEFIの場合は、❸でMBRではなく、GPTを読み込む (4-2節「パーティション」を参照)。

　また、❻のサービスとは、OSにおいて主にバックグラウンドで動作する常駐プロセスのことで、**デーモン** (daemon)[※]とも呼ばれる。

※ daemon……daemon は「守護神」という意味で、「悪魔」のdemonとは違う単語。

2 サービスの操作
※本節は試験範囲外ながら、実務で必要となるために記載

重要度 ★★★★

起動時のサービスは、systemdというプログラムによって管理されている。この節
では、それらのサービスの操作や管理などについて、実行例を示しながら説明する。

☑ Point

◆ systemd

- systemdは、カーネルによって最初に起動されるプログラムである。
- サービスの起動は、systemdによってなされる。
- systemdが起動するサービスの管理は、systemctlを使う。

⦿ systemd

systemdは、カーネルによって最初に起動されるプログラムで、サービスの
起動はsystemdによってなされる。その中には、システム共通で使われる
syslog(シスログ)※やファイヤウォールなどのほか、よりアプリケーションに近
いWebサーバーやメールサーバー、データベースなどまで幅広い。

● サービスの操作をする

systemdが起動するサービスの順序を変更したり、個々のサービスを手動で起
動・停止する場合などは、**systemctl**(システムシーティーエル)コマンドを使う。

■ systemctlコマンド

書式	説明
systemctl サブコマンド [Unit名]	サービスの操作を行う

※ **syslog**……ネットワークを通じて、他のコンピュータへ時系列の記録(ログ)を伝送する通信手順(プロ
トコル)のこと。

主なサブコマンド	説明
start	サービスを起動する
stop	サービスを停止する
restart	サービスを再起動する
reload	サービスの設定を再読み込みする
status	サービスの稼働状況を表示する
is-active	サービスが稼働しているかどうかを確認する
enable	システム起動時にサービスを自動起動する
disable	システム起動時にサービスを自動起動しない

● サービスの操作例

systemdによって起動されるサービスの1つに**SSH** (Secure SHell) がある。SSHは暗号化された通信を用いて、シェル※を遠隔から操作するためのプログラム・通信手順（プロトコル）である。

systemdによりSSHを起動させるには、**systemctl**コマンドにより「sshd.service」という**Unit名**※を登録する必要がある。

systemctlコマンドで、sshdサービスの稼働状況を表示する。sshdサービスがactive (running) であることを確認したら、[Q]キーで確認画面を抜ける。

$ systemctl status sshd.service

```
Last login: Fri Jun  3 16:14:20 2022 from 10.0.4.1
[mako@linux00 ~]$
[mako@linux00 ~]$ systemctl status sshd.service
● sshd.service - OpenSSH server daemon
     Loaded: loaded (/usr/lib/systemd/system/sshd.service; enabled; vendor pres>
     Active: active (running) since Mon 2022-05-23 14:54:45 JST; 1 week 4 days >
       Docs: man:sshd(8)
             man:sshd_config(5)
   Main PID: 736 (sshd)
      Tasks: 1 (limit: 985)
     Memory: 2.8M
        CPU: 1.420s
     CGroup: /system.slice/sshd.service
             └─736 "sshd: /usr/sbin/sshd -D [listener] 0 of 10-100 startups"

Warning: some journal files were not opened due to insufficient permissions.
lines 1-13/13 (END)
```

※ **シェル**……ユーザーとカーネルをつなぐインターフェースのこと。10-1節「シェルの役割」を参照。
※ **Unit名**……Unitは、1つのサービスとそれに関連する起動処理などをまとめたもののこと。

例

systemctlコマンドで、sshdサービスを停止する。ただし、起動・停止は管理者権限が必要となるため、管理者（rootユーザー）で実行するか、sudoコマンドを使用する。

$ sudo systemctl stop sshd.service

```
ファイル(F)  編集(E)  設定(S)  コントロール(O)  ウィンドウ(W)  漢字コード(K)  ヘルプ(H)
_ast login: Fri Jun  3 16:37:25 2022 from 10.0.4.1
[mako@linux00 ~]$ sudo systemctl stop sshd.service
[sudo] mako のパスワード:
[mako@linux00 ~]$
```

例

systemctlコマンドで、sshdサービスを停止後の稼働状況を表示する。

$ systemctl status sshd.service

```
ファイル(F)  編集(E)  設定(S)  コントロール(O)  ウィンドウ(W)  漢字コード(K)  ヘルプ(H)
[mako@linux00 ~]$ systemctl status sshd.service
○ sshd.service - OpenSSH server daemon
   Loaded: loaded (/usr/lib/systemd/system/sshd.service; enabled; vendor pres>
   Active: inactive (dead) since Fri 2022-06-03 16:38:57 JST; 3min 1s ago
     Docs: man:sshd(8)
           man:sshd_config(5)
  Process: 736 ExecStart=/usr/sbin/sshd -D $OPTIONS (code=exited, status=0/SU>
 Main PID: 736 (code=exited, status=0/SUCCESS)
      CPU: 1.752s
```

　停止後にサービスの状態を確認すると、inactive (dead)と表示され、停止していることを確認できる。この状態から起動する場合は、「systemctl start sshd.service」を管理者権限で実行する。

　なお、systemdを採用しているディストリビューション※においては、OSの起動・停止もsystemctlから操作することを推奨している。

■ systemctlコマンドのその他のサブコマンド

その他のサブコマンド	説明
halt	シャットダウン※
poweroff	シャットダウン
reboot	システムを再起動する

※ **ディストリビューション**……2010年以降にリリースされたRHEL 7やFedora 15などが挙げられる。
※ **シャットダウン**……ACPIという電源管理オプションが搭載されていない古いコンピュータでは、haltでは電源がオフにならない可能性があるため、poweroffを使う。

3 プロセスの管理

重要度 ★★★★

サーバーの安定運用のためには、実行しているプロセスが、どの程度のリソースを消費しているかを把握することが重要である。この節では、プロセスの確認方法などについて、実行例を示しながら説明する。

☑ Point

◆ プロセス

- 実行中のプログラムのことをプロセスと言う。
- プロセスがどの程度のリソースを使っているかを把握することがコンピュータの運用管理において重要である。

◆ プロセスに関するコマンド

- 現在の実行プロセスを一覧表示するには、ps を使う。
- プロセスごとに割り振られる固有の ID 番号を PID と言う。
- システム上で実行されているすべてのプロセスを表示するには、ps -ef や ps aux を使う。
- プロセスの親子関係を確認するには、pstree を使う。
- プロセスの実行状況をリアルタイムで表示するには、top を使う。
- メモリの利用状況/空き状況を確認するには、free を使う。

⦿ プロセス

プロセスとは、動作中のプログラムのことである。ユーザーがプログラムを実行すると、新しいプロセスが生成される。

新たなプロセスが生成されれば、その分だけメモリや CPU 時間※などの OS の資源を消費することになる。そこで、もしコンピュータの動作が遅いと感じた時は、起動しているプロセス一覧を参照できれば、原因を推測できる可能性がある。

こうしたことから、起動しているプロセスを把握することは、コンピュータの運用を管理する上で、極めて重要であるといえる。

※ **CPU 時間**……コンピュータ内部の CPU がプログラムを実行した時間。処理時間。

⦿ プロセスの確認と操作

● プロセスを確認する

現在の実行プロセスを一覧表示するには、**ps**コマンドを使う。

■ psコマンド

書式	説明
ps [オプション]	現在実行中のプロセスを表示する

主なオプション	説明
オプションなし	現在実行中のプロセスを表示する
a	ほかのユーザーのプロセスも表示する（全ユーザーのプロセスを表示）
f	親子関係をツリー状に表示する
--forest	親子関係をツリー状に表示する
h	ヘッダ行を表示しない
--no-headers	ヘッダ行を表示しない
u	ユーザー名も表示する
x	制御端末のないサービス（デーモン）などのプロセスも表示する
-e	すべてのプロセスを表示する
-f	完全なフォーマットでリスト出力する
-l	詳細な情報を表示する（ロングフォーマット）
-p	特定のPID（プロセスID)のプロセス情報のみを表示する
-C	引数※で指定した名前のプロセスのみを表示する

オプションを指定する方法は、次の表のように3種類ある。

■ オプションの指定方法の例

例	説明
-ef	UNIXオプション。左枠の例(-eとfを指定)のように、いくつかのオプションをまとめて指定できる
axl	BSDオプション。左枠の例(aとxと-lを指定)のようにいくつかのオプションをまとめることは可能だが、ダッシュを使用しない
--forest	GNU ロングオプション。前に2つのダッシュを置く

※ **引数**……コマンドやスクリプトの実行時に、処理対象として与える値のこと。コマンドやスクリプトはその値に従って処理を行い、結果を返す。10-3節「シェルスクリプト」を参照。

これらの指定方法は混在させても良いが、それぞれの指定方法において、機能的に同義のオプションが用意されているので、場合によっては衝突するかもしれない点に留意すること。

> PSコマンドで、現在実行されているプロセスを表示する。オプションを何も指定しないと、その端末上から起動したプロセス（通常はログインシェル[※]とpsコマンドのみ）が表示される。

例

$ ps

```
ファイル(F)  編集(E)  設定(S)  コントロール(O)  ウィンドウ(W)  漢字コード(K)  ヘルプ(H)
[mako@linux00 ~]$ ps
   PID TTY          TIME CMD
 17073 pts/0    00:00:00 bash
 17102 pts/0    00:00:00 ps
[mako@linux00 ~]$
```

psコマンドで表示される項目は、次の表の通りである。

■ psコマンドの主な表示項目

項目	説明
PID	プロセスID
TTY	プロセスを実行した端末名
TIME	CPU時間の累計（999分を超えると、0リセット）
CMD	実行コマンド

PID（プロセスID）は、それぞれのプロセスごとに割り振られる固有のID番号である。同じプログラムが複数回実行されても、それぞれ異なる番号が付けられるため、重複することはない。

initまたはsystemdは、最初に起動するプロセスであるため、PIDは1であり、それ以降は起動された順にIDが振られる。つまり、init・systemdは、すべてのプロセスの祖先というわけである。

システム上で実行されているすべてのプロセスを表示するには、**ps -ef**コマンドや**ps aux**コマンドを実行する。このオプションが指定されていると、プロセスそれぞれについて、CPUやメモリの使用率まで表示することができる。

参考までに、詳細表示のオプションを付加した場合は、先に示した項目に加えて次ページの表の項目が表示される。

※ **ログインシェル**……シェルはユーザーとカーネルをつなぐインターフェースで、ログインシェルはログインして最初に動き出すシェルのこと。10-1節「シェルの役割」を参照。

■ psコマンドの主な表示項目（詳細表示のオプションを付加した場合）

項目	説明
PPID	親プロセスID（parent PID）
C, %CPU	現在のCPU使用率（%）
%MEM	プロセスが確保している物理メモリ（%）
STIME	プロセスの開始時刻
VSZ	仮想メモリの領域サイズ
RSS	物理メモリの領域サイズ
STAT	プロセスの状態（次の表を参照）

■ STATに表示される1文字目の記号

項目	説明
R	実行可能状態、もしくはCPU割り当てを待つプロセス
S	割り込み可能な待ち状態。通常、この表示がされる
D	ディスクIO待ちの状態
Z	ゾンビプロセス（終了しているのに、残存している状態）

■ STATに表示される2文字目の記号

項目	説明
+	フォアグラウンドのプロセスグループ。
s	セッションリーダー。配下に子プロセスを従える、親
<	高い優先度のプロセス
N	低い優先度のプロセス
l	マルチスレッドのプロセス

psコマンドの詳細表示の例を下記に記載する。

```
linux00:~ # ps -ef
UID        PID   PPID  C STIME TTY          TIME CMD
root         1      0  0 11:35 ?        00:00:07 /usr/lib/
systemd/systemd --swi
root         2      0  0 11:35 ?        00:00:00 [kthreadd]
root         4      2  0 11:35 ?        00:00:00 [kworker/0:0H]
root         6      2  0 11:35 ?        00:00:00 [mm_percpu_wq]
root         7      2  0 11:35 ?        00:00:00 [ksoftirqd/0]
root         8      2  0 11:35 ?        00:00:00 [rcu_sched]
```

```
root          9     2   0 11:35 ?          00:00:00 [rcu_bh]
root         10     2   0 11:35 ?          00:00:00 [migration/0]
root         11     2   0 11:35 ?          00:00:00 [watchdog/0]
root         12     2   0 11:35 ?          00:00:00 [cpuhp/0]
root         14     2   0 11:35 ?          00:00:00 [kdevtmpfs]
root         15     2   0 11:35 ?          00:00:00 [netns]
root         16     2   0 11:35 ?          00:00:00 [khungtaskd]
root         17     2   0 11:35 ?          00:00:00 [oom_reaper]
root         18     2   0 11:35 ?          00:00:00 [writeback]
root         19     2   0 11:35 ?          00:00:00 [kcompactd0]
root         20     2   0 11:35 ?          00:00:00 [ksmd]
root         21     2   0 11:35 ?          00:00:00 [khugepaged]
root         23     2   0 11:35 ?          00:00:00 [crypto]
root         24     2   0 11:35 ?          00:00:00 [kintegrityd]
root         25     2   0 11:35 ?          00:00:00 [kblockd]
root         26     2   0 11:35 ?          00:00:00 [ata_sff]
....
```

● プロセスの親子関係を確認する

プロセスは、別のプロセスを作り出すことができる。例えば、bashが起動している端末上からpsコマンドを起動した場合、bashが**親プロセス**、psが**子プロセス**となる。プロセスの親子関係を確認したい場合は、**pstree**コマンドを使用する。

■ pstreeコマンド

書式	説明
pstree	プロセスの親子関係を表示する

pstreeコマンドで、プロセスの親子関係を確認する。すべてのプロセスは、systemd（もしくはinit）から派生していることが、見て取れる。

$ pstree

例

```
ファイル(F)  編集(E)  設定(S)  コントロール(O)  ウィンドウ(W)  漢字コード(K)  ヘルプ(H)
[mako@linux00 ~]$ pstree
systemd─┬─ModemManager───2*[[ModemManager]]
        ├─NetworkManager───2*[[NetworkManager]]
        ├─3*[abrt-dump-journ]
        ├─abrtd───2*[[abrtd]]
        ├─atd
        ├─auditd───sedispatch
        │          └─2*[[auditd]]
        ├─chronyd
        ├─dbus-broker-lau───dbus-broker
        ├─firewalld───{firewalld}
        ├─gssproxy───5*[[gssproxy]]
        ├─login───bash
        ├─mcelog
        ├─polkitd───5*[[polkitd]]
        ├─rsyslogd───2*[[rsyslogd]]
        ├─sshd───sshd───sshd───bash───pstree
        ├─systemd───(sd-pam)
        ├─systemd-homed
        ├─systemd-journal
        ├─systemd-logind
        ├─systemd-oomd
        ├─systemd-resolve
        ├─systemd-udevd
        └─systemd-userdbd───3*[systemd-userwor]
```

● プロセスをモニタリングする

プロセスの実行状況をリアルタイムで表示するのが、topコマンドである。

■ topコマンド

書式	説明
top	プロセスの実行状況をリアルタイムで表示する

topコマンドで、プロセスをモニタリングする。

$ top

例

```
[mako@linux00 ]$ top
top - 16:54:34 up 11 days,  1:46,  2 users,  load average: 0.00, 0.00, 0.00
Tasks: 116 total,   1 running, 115 sleeping,   0 stopped,   0 zombie
%Cpu(s):  0.3 us,  0.3 sy,  0.0 ni, 99.3 id,  0.0 wa,  0.0 hi,  0.0 si,  0.0 st
MiB Mem :    863.0 total,    225.1 free,    258.4 used,    379.5 buff/cache
MiB Swap:    862.0 total,    809.2 free,     52.8 used,    470.3 avail Mem

    PID USER      PR  NI    VIRT    RES    SHR S  %CPU  %MEM     TIME+ COMMAND
      1 root      20   0  174360   7708   4856 S   0.0   0.9   0:02.78 systemd
      2 root      20   0       0      0      0 S   0.0   0.0   0:00.07 kthreadd
      3 root       0 -20       0      0      0 I   0.0   0.0   0:00.00 rcu_gp
      4 root       0 -20       0      0      0 I   0.0   0.0   0:00.00 rcu_par+
      6 root       0 -20       0      0      0 I   0.0   0.0   0:00.00 kworker+
      9 root       0 -20       0      0      0 I   0.0   0.0   0:00.00 mm_perc+
     10 root      20   0       0      0      0 S   0.0   0.0   0:00.00 rcu_tas+
     11 root      20   0       0      0      0 S   0.0   0.0   0:00.00 rcu_tas+
     12 root      20   0       0      0      0 S   0.0   0.0   0:00.00 rcu_tas+
     13 root      20   0       0      0      0 S   0.0   0.0   0:00.77 ksoftir+
     14 root      20   0       0      0      0 I   0.0   0.0   1:06.66 rcu_sch+
     15 root      rt   0       0      0      0 S   0.0   0.0   0:01.07 migrati+
     16 root      20   0       0      0      0 S   0.0   0.0   0:00.00 cpuhp/0
     17 root      20   0       0      0      0 S   0.0   0.0   0:00.00 kdevtmp+
     18 root       0 -20       0      0      0 I   0.0   0.0   0:00.00 netns
     19 root       0 -20       0      0      0 I   0.0   0.0   0:00.00 inet_fr+
```

　topコマンドでは、実行中のプロセスの情報が「3秒」(デフォルト値)ごとに更新されて表示される。表示を終了させたい場合は、[q]キーを押下する。

　topコマンドを実行した際に表示される項目は、前述のpsコマンドとほぼ同じなので、そちらを参照のこと。

※本項は試験範囲外ながら、実務で必要となるために記載

● プロセスを終了する

　プロセスが正常終了しない場合は、killコマンドによって終了させることができる。ただし、killコマンドはプロセスにシグナルを送出するコマンドであるため、プロセスを強制終了させるだけでなく、処理に割り込んで挙動を変化させることができる。

■ killコマンド

書式	説明
kill -[シグナル名] PID	プロセスにシグナル※を送出する
kill -l	シグナルのリストを表示する

■ 主なシグナル

シグナルID	シグナル名	動作
1	SIGHUP	再起動
6	SIGABRT	中断
9	SIGKILL	強制終了
15	SIGTERM	終了
18	SIGCONT	再開
19	SIGSTOP	停止

例 シグナルIDの一覧を表示する。
$ kill -l

例 プロセスID=380番のプロセスを強制終了させる。
$ kill -SIGKILL 380

OnePoint killコマンド使用時の注意点

killコマンドでプロセスを強制終了させた場合、そのプロセスがアクセスしていたファイルが破損したり、関連するプロセスまでもが一緒に終了する可能性がある。また、指定するPIDをうっかり間違えて、意図しないプロセスを終了させるといった事故が起きないよう、くれぐれも注意が必要である。

※ **シグナル**……送出するシグナルは、「-」に続けて、シグナルIDもしくはシグナル名を指定する。

● メモリ利用状況を確認する

メモリの利用状況、空き状況を確認するには、**free**コマンドを使う。

■ freeコマンド

書式	説明
free [オプション]	メモリの利用状況、空き状況を確認する

主なオプション	説明
-m	MB単位で表示する
-s	秒指定した間隔で表示し続ける

freeコマンドで、メモリの利用状況を確認する。

$ free

例

上の画像で「Mem:」行がメモリの使用状況、「Swap:」行がスワップの状況となる。

なお、**スワップ**は仮想メモリとも呼ばれ、メモリの使用量が物理メモリを超えてしまった場合に、超えた部分を一時的に書き出すハードディスク領域のことを指す。スワップはハードディスク上に書き込まれるため、この領域を増やせば見かけのメモリは増えるが、プログラムの実行速度は著しく低下してしまう。

4 ジョブの管理

※本節は試験範囲外ながら、実務で必要となるために記載

重要度 ★★★★

コンピュータでは、あるプログラムを実行しつつ、別のプログラムを同時に実行しなければならない場合がある。この節では、そのような動作を可能にするジョブの仕組みと種類、操作方法などについて、実行例を示しながら説明する。

☑ *Point*

◆ ジョブ

- シェルから見た処理の実行単位のことをジョブと言う。
- コマンドライン1行に複数のコマンド実行がされていても、ジョブは1つになる。

◆ ジョブの種類

- ジョブには、フォアグラウンドとバックグラウンドの2種類がある。

◆ ジョブの使い分け

- 指定された時間だけ動作を待つには、sleep を使う。

◆ ジョブに関するコマンド

- 実行中のジョブを表示するには、jobs を使う。

◉ ジョブ

シェルから見た処理の実行単位のことを**ジョブ**と言う。

1行のコマンドラインで複数のコマンドを実行した場合、プロセスは複数作成されるが、シェルは1行のコマンドラインで起動する一連のコマンドを1つのジョブとみなし、実行単位とする。

ls -lコマンドで「/var/log/」ディレクトリの詳細情報を表示する（ジョブとプロセスが1対1の関係になっている）。

$ ls -l /var/log/

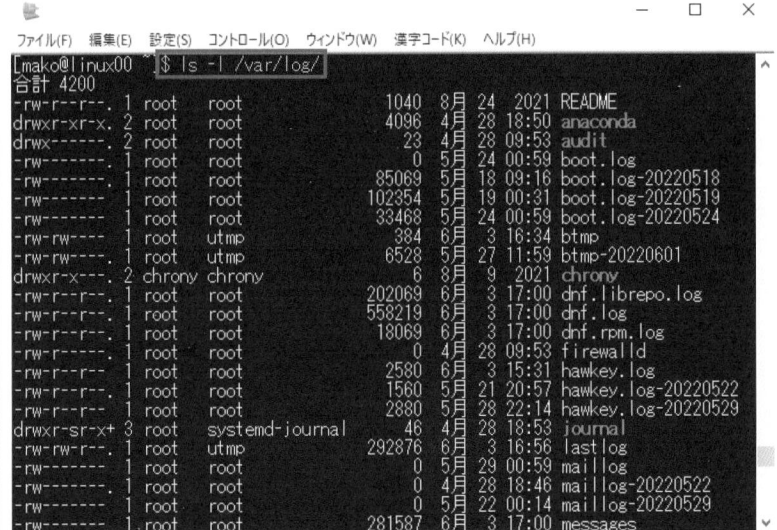

messagesという文字が含まれている行を抽出し、ls -lコマンドで「/var/log/」ディレクトリの詳細情報を表示する（ジョブとプロセスが1対2の関係になっている）。

$ ls -l /var/log/ | grep message

ジョブとプロセスは、次の図のように示すことができる。

■ **ジョブのイメージ**

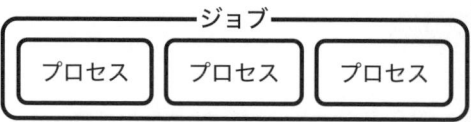

◉ ジョブの種類

● ジョブの実行環境

ジョブの実行環境には、フォアグラウンドジョブとバックグラウンドジョブの2つの種類がある。

❶ フォアグラウンドジョブ

通常、シェル上からコマンド（プロセス）を実行すると、それが終了するまではプロンプトが表示されず、次のコマンドを入力できない[※]。このように、表面的に実行がなされる状態のことをフォアグラウンドと言い、そこで実行されるジョブを**フォアグラウンドジョブ**と言う。

❷ バックグラウンドジョブ

一方、構文の末尾に「&」を付加してコマンドを実行すると、すぐにプロンプトが表示され、次のコマンドを入力できる。この時、実行したコマンドはバックグラウンド（裏方）で実行されており、[Ctrl] + [C]キーを押しても終了させることはできない。こうしたジョブを**バックグラウンドジョブ**と言う。

◉ ジョブの使い分け

瞬時に処理が終わるジョブはフォアグラウンドで実行し、長時間に渡って処理を行うジョブはバックグラウンドで実行するといったように、ジョブを使い分けることで効率よく作業をすることができる。

※ **コマンドを入力できない**……こうした状況を、ブロックという。

● 指定した時間だけ動作を待つ

sleepコマンドは、引数で指定された時間だけ、シェルを停止（ブロック）する
コマンドである。引数で指定するデフォルトの単位は秒（s）である。sleepでブロッ
クされている間はプロンプトが表示されないが、[Ctrl] + [C] キーを押して停止
状態を抜けることはできる。

■ sleepコマンド

書式	説明
sleep 秒数	指定した時間だけ動作を待つ

> **例**
>
> 60秒間、シェルを中断する（[Ctrl] + [C] キーでsleepコマンドから抜けるこ
> とができる）。
>
> ## $ sleep 60

上のコマンドの場合は、60秒後にプロンプトが再表示される。

なお、sleepコマンドは、対話的な操作ではあまり使用しない。主にシェルス
クリプトの中で使用され、後続処理と一定時間の待ち合わせをする場合などに用
いられる。

> **例**
>
> wallコマンドでログインしているすべての端末に「"20秒後に再起動します
> （CTRL＋Cで取り消し）"」というメッセージを送り、20秒が経過してから
> rebootコマンドで再起動する。
>
> ## $ wall "20秒後に再起動します（CTRL＋Cで取り消し）" ; sleep 20; reboot

wallコマンドは、ログインしているユーザー全員に、一斉メッセージを送信す
るコマンドである。また、上記はあくまで例であるが、実際にはshutdownコマ
ンドを使うことにより、再起動までの時間を指定することができる。

◉ ジョブの確認

● ジョブを表示する

実行中のジョブを表示するには、**jobs**コマンドを使用する。

■ jobsコマンド

書式	説明
jobs	実行中のジョブを表示する

> tailコマンドをバックグラウンドで実行してログを監視させ (tail -f test1.log &)、jobsコマンドで確認する。
>
> ## $ jobs

上記の例では、tailコマンドによりバックグラウンドでログを監視させてから、jobsコマンドでtailコマンドが実行中であることを確認している。そして、psコマンドでtailコマンドのPIDを確認した後、killコマンドによりtailコマンドを強制終了している。

5 | # システムロギングと
ログファイル

重要度 ★★★★

OS上で発生するエラーやアラートなどを記録することをシステムロギングと言う。
この節では、システムロギングとログファイルの仕組み、その操作方法などについて、
実行例を示しながら説明する。

☑ *Point*

◆ システムロギングとログファイル

- OS上で発生するエラーやアラートなどの各種イベントを記録することをシステムロギングと言う。
- Linuxでは、システムロギングにjournaldサービスとrsyslogサービスが使われている。
- システムやプログラムの活動状況の記録をログと言う。
- カーネルが起動時に出力したメッセージを表示するには、dmesgを使う。

◆ ログの保存と設定

- ログファイルは、「/var/log/」ディレクトリ以下に保存される。
- ログの出力先や優先度の指定は、コンフィグファイルで設定できる。

◉ システムロギングとログファイル

OS上で発生するエラーやアラートなどの各種イベントのシステムメッセージを記録することを**システムロギング**と言う。Linuxでは、journald（ジャーナルディー）サービス※とrsyslog（アールシスログ）サービス※が使われている。

また、システムやプログラムの活動状況の記録を**ログ**と言い、ログが書き込まれるファイルを**ログファイル**という。Linuxにおいては**rsyslog**サービスを介して、各種プログラムで発生するイベントのシステムメッセージをログファイルに記録する。ログファイルが一定のサイズ・時間に達すると、自動的に圧縮アーカイブされるものが多い。

※ journald**サービス**……systemdの標準的なロギングサービス。
※ rsyslog**サービス**……syslogから派生したロギングサービス。ディストリビューションによっては、syslog-ngなど、別のロギングサービスを採用している場合もある。

● カーネル起動時のメッセージを表示する

Linuxが起動してからファイルシステムがマウントされ、rsyslogサービスが起動するまでの間は、通常のログ出力ができないので、カーネルは**リングバッファ**（循環バッファ）と呼ばれる領域にログを出力する。リングバッファは一定の容量を持ち、古い順に上書きされる。

dmesgコマンドは、このリングバッファの内容を出力するコマンドであると同時に、Linuxの起動が完了した後に、/var/log/dmesgというファイルの形で出力する役割も担っている。

■ dmesgコマンド

書式	説明
dmesg	カーネルが起動時に出力したメッセージを表示する

dmesgコマンドで、カーネル起動時のメッセージを表示する。

$ dmesg

⊙ ログファイルの保存と設定

● ログファイルの保存

　ログファイルは**/var/log**ディレクトリ以下に保存される。主なログファイルの保存先は、次の表の通りである（ディストリビューションによって異なる）。

■ **主なログファイル保存先**

ファイル	説明
/var/log/messages	システム内で動作するサービスが出力するメッセージが格納される（Ubuntu、Debian、GNU/Linux等では/var/log/syslog）
/var/log/maillog	メール送受信のログファイルが格納される
/var/log/secure	認証関連のログファイルが格納される

● ログの設定

　ログの出力先や優先度の指定は、**コンフィグファイル**（例：「/etc/rsyslog.conf」）で設定が可能である。コンフィグファイルには、どのようなログをどこに出力するかなどの、様々な設定項目が記述されており、設定を変更することで、ログの設定をカスタマイズして出力することができる。

● サーバーソフトウェア関連のログ

　Linuxのsyslog（OSのログ）とは別に、Webサーバーなどのサーバーソフトウェア関連のログ（アプリケーションのログ）が存在する。これらは各サーバーの設定で出力先を変更できる。一般的には「/var/log」ディレクトリ以下に出力するが、そうではない場合もある。

練習問題

「Ping-t 最強WEB問題集 Linux Essentials（Ver1.6）」より出題！

1 プロセスに関する記述として正しいものはどれか。（問題ID：2657）

(a) プロセスは一般ユーザーが作成することはできない

(b) システム上でどのようなプロセスが動作しているかはrootユーザーのみが把握できる

(c) プロセスとは動作中のプログラムであり、メモリやCPU時間などOSの資源が割り当てられる

(d) プロセスIDはシステムが再起動されるまで増え続け、再起動後はリセットされて0から割り当てられる

(e) プロセスIDは、ユーザープロセスには1から、システムのプロセスには0から始まる数字が割り当てられる

2 現在稼働しているプロセスの一覧を得ることができるコマンドはどれか。二つ選べ。（問題ID：2867）

(a) free

(b) ps

(c) pslist

(d) pstree

(e) proc

3 システム全体のメモリ量と使用中のメモリ量、空いているメモリ量がわかるコマンドはどれか。二つ選べ。（問題ID：2869）

(a) free

(b) proc

(c) ps

(d) pstree

(e) top

3 (a) (e)　　**2** (b) (d)　　**1** (c)

正解

シェルの操作
【実践】

第10章では、ユーザーとカーネルを仲介する「シェル」について説明する。シェルを便利に使いこなすための機能や、シェルスクリプトについて説明していく。

■ keyword

- □ シェル
- □ シェルスクリプト
- □ 変数

1 シェルの役割

重要度 ★★★★

ユーザーからの操作指示を受け、それをカーネルを取り次ぐプログラムのことをシェルと言う。この節では、シェルの仕組みと役割、確認方法などについて、実行例を示しながら説明する。

☑ Point

◆ シェル

- ユーザーとカーネルをつなぐプログラムをシェルと言う。
- 現在のLinuxの標準シェルは、bashである。

◆ コマンドライン(ターミナル)の基本的な使い方

- シェルは、コマンドラインを提供する。
- リファレンスマニュアルの参照は、man を使う。
- Info形式のマニュアルを表示するには、info を使う。
- ヘルプの表示は、help を使う。
- コマンド履歴の表示は、history を使う。
- コマンドのタイプを表示するには、type を使う。

◉ シェル

はじめに、**シェル**の基本的な知識について説明する。

● シェルの役割

　ユーザーがとコンピュータを操作する時の窓口がシェルである。OSの中核であるカーネルとやり取りするため、インタラクティブ (対話形式) に操作を行い、それをシェルが解釈してカーネルに伝達する。このことから、シェルはユーザーとカーネルのインターフェースであると同時に、インタプリタ (翻訳者)の役割も担っている。

　なお、シェルという名前の由来は、その言葉通り、貝殻のようにカーネルを包み込むという意味である(次の図を参照)。

■ シェルの役割

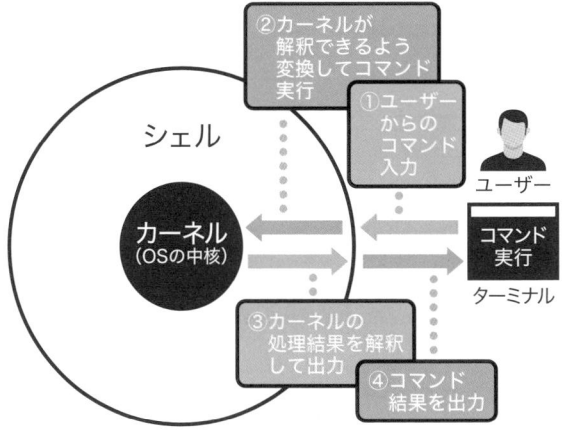

● シェルの種類

Linuxの先祖であるUNIXが登場して以来、様々なシェルが開発され、それぞれ使用できる機能や構文が異なる。現在、Linuxの標準シェルは**bash**（バッシュ）であるが、それ以外にも次のような種類がある。

■ シェルの種類

シェル	説明
Sh (Bourne Shell)	UNIX標準のシェル。Bシェルと呼ばれる
bash (Bourne Again Shell)	shを改良したシェルで、Linuxの標準のシェル
ksh (Korn Shell)	shを改良したシェル。bashのベースとなった
csh (C Shell)	C言語に似た構文を持つシェル
tcsh (TENEX C Shell)	cshを改良したシェル。BSD UNIX上で開発された
zsh (Z Shell)	bash、tcsh、kshの機能を取り込んだ多機能シェル

● シェルを確認する

現在のシェルは、**ps**コマンドを実行すると確認できる（psコマンドについては、9-3節「プロセスの管理」を参照）。

現在のシェルをpsコマンドで確認する。下記の画面では、ログインシェルであるbashから、さらにtcshを起動した場合の例になる。PIDが大きい方が、現在のシェルである。

$ ps

```
[mako@linux00 ~]$ ps
   PID TTY          TIME CMD
  2086 pts/0    00:00:00 bash
  2484 pts/0    00:00:00 ps
[mako@linux00 ~]$
```

● 標準シェル（bash）

Linuxの標準シェルであるbashは、GNUプロジェクトにおいて開発された。正式名称である「Bourne Again SHell」の名が示す通り、Bourne Shell（ボーン・シェル）※のフリーソフトウェアによる代替として開発されたシェルである。

以下の説明では、Linuxの標準シェルであるbashを基準に説明する。

◉ コマンドライン（ターミナル）の基本的な使い方

シェルは、**コマンドライン**を提供する。そして、このコマンドラインを使用して、マニュアルやヘルプ表示機能、履歴機能等を活用することができる。本項ではコマンドラインで使用できる各機能について説明する。

● オンラインマニュアルを表示する①

Linuxにはオンラインマニュアルやヘルプ機能として、manやinfoなどのコマンドが用意されている。ただし、オンラインマニュアルといっても、インターネット経由で外部サイトを参照しているわけではなく、あくまでローカル上のファイルを参照しているだけである。

manコマンドは、リファレンスマニュアルを参照するためのコマンドである。ほとんどすべてのコマンドが網羅されており、それ以外にもライブラリやシステムコールなどのマニュアルも参照することができる。

マニュアルは章に分かれており、具体的には、一般コマンドは「1」、管理コマ

※ **Bourne Shell**……UNIXで使われていたシェルの1つ。

ンドは「8」、管理ファイルは「5」などとなっている。

　基本的な使い方は、調べたいキーワードを引数※で与えればよいが、例えばkill
コマンドのように、同名のマニュアルが複数の章に重複するものもある。こうし
た場合は、画面にガイドが表示されるので、そこで指示するか、あるいは「man
章番号 コマンド」のように、あらかじめ章番号も併せて指定する。

　マニュアルの画面表示は、lessコマンドを使って行われている。よって、表示
の指示については、lessコマンドに準ずる。

■ manコマンド

書式	説明
man [オプション] [コマンド名]	オンラインマニュアルを表示する

主なオプション	説明
-a	一致したすべてのマニュアルページを表示する
-k	指定したキーワードに関連するコマンドを表示する

manコマンドでkillコマンドのオンラインマニュアルを表示する。

$ man kill

例

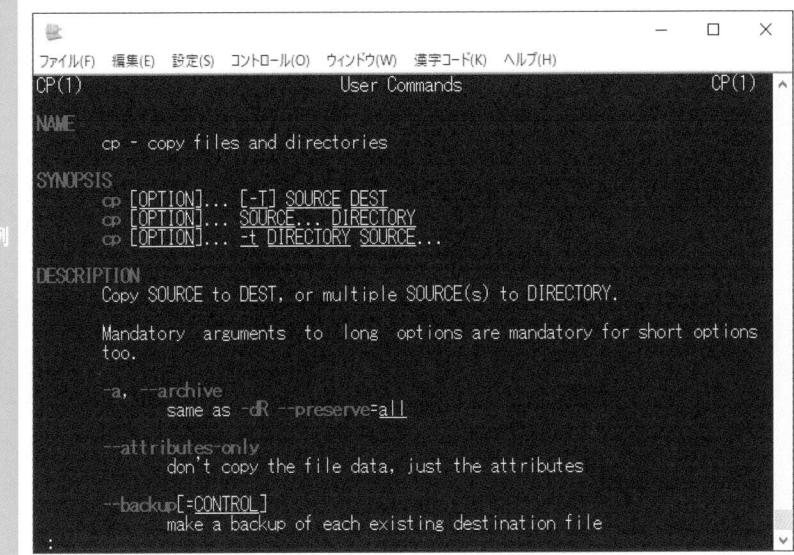

※ **引数**……コマンドやスクリプトの実行時に、処理対象として与える値のこと。コマンドやスクリプトは
　その値に従って処理を行い、結果を返す。10-3節「シェルスクリプト」を参照。

● オンラインマニュアルを表示する②

infoコマンドは、manコマンドと同じく、オンラインマニュアルを表示する。GNUの公式マニュアルを閲覧するツールであり、ハイパーリンクが使用できるなど、manコマンドより高機能なものになっている。

ただし、infoが対応していないコマンドについては、manページが表示される。

■ infoコマンド

書式	説明
info [オプション] [対象]	Info形式のマニュアルを表示する

主なオプション	説明
-k [文字列]	文字列をすべての索引から探して一覧表示する

infoコマンドで、cpコマンドのマニュアルを表示する。

$ info cp

例
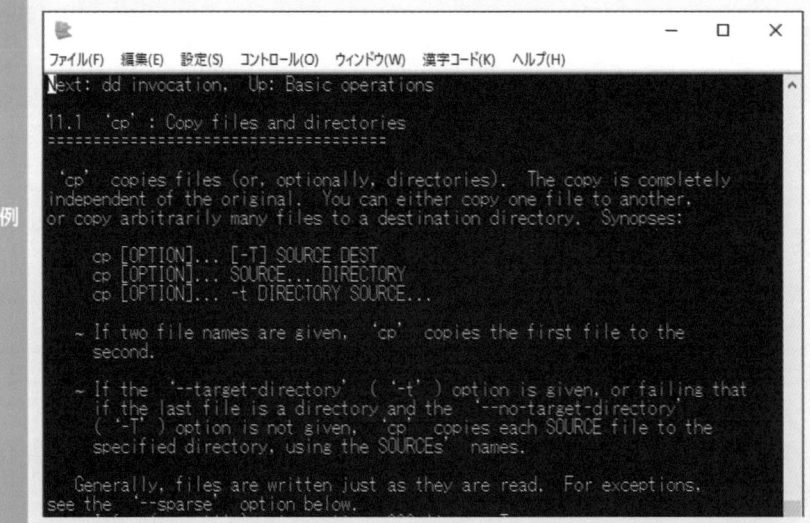

● 格納ディレクトリ

マニュアルの格納ディレクトリは「/usr/share/man/」ディレクトリ、ドキュメントの格納ディレクトリは「/usr/share/doc/」ディレクトリである。

● ヘルプを表示する

わざわざマニュアルを引かなくても、引数などを手軽に調べたい時は、コマンドに用意されているヘルプを利用する方法もある。大抵のコマンドは、-hもしくは--helpの引数を与えれば、ヘルプが表示される。

また、シェルの組込みコマンドについても調べることが可能で、その際はプロンプトから単にhelpコマンドをタイプすればよい。

■ helpコマンド(-hオプション)

書式	説明
① [コマンド名] -h	コマンドの使用方法を簡潔に表示する
② [コマンド名] --help	コマンドの使用方法を簡潔に表示する
③ help	内部コマンド※についてのヘルプを表示

helpコマンドで、cdコマンドのヘルプ機能を表示する。

$ help cd

例

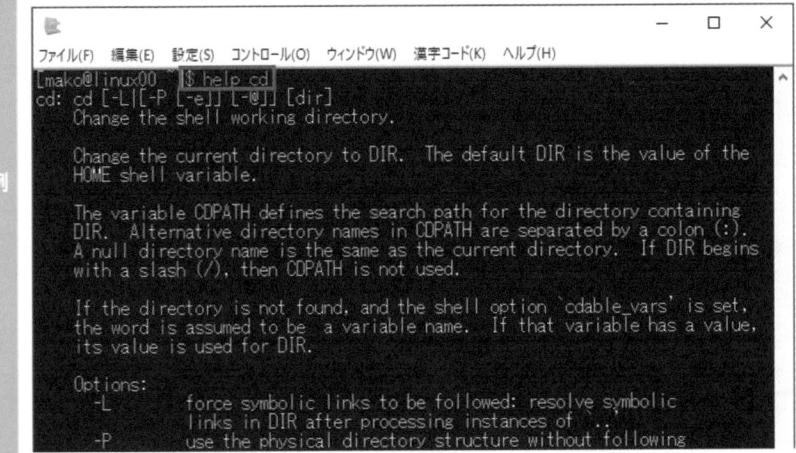

```
[mako@linux00 ~]$ help cd
cd: cd [-L|[-P [-e]] [-@]] [dir]
    Change the shell working directory.

    Change the current directory to DIR.  The default DIR is the value of the
    HOME shell variable.

    The variable CDPATH defines the search path for the directory containing
    DIR.  Alternative directory names in CDPATH are separated by a colon (:).
    A null directory name is the same as the current directory.  If DIR begins
    with a slash (/), then CDPATH is not used.

    If the directory is not found, and the shell option `cdable_vars' is set,
    the word is assumed to be  a variable name.  If that variable has a value,
    its value is used for DIR.

    Options:
      -L        force symbolic links to be followed: resolve symbolic
                links in DIR after processing instances of `..'
      -P        use the physical directory structure without following
```

● コマンド履歴を表示する

bashは、入力したコマンド履歴を記録する機能がある。historyコマンドを使えば、過去のコマンド履歴(ヒストリー)を表示することができる。

※ **内部コマンド**……OSの起動時に、メモリに読み込まれるコマンドのこと。 実行するたびにハードディスクなどから読み込まれるコマンドは、外部コマンドと呼ばれる。

■ historyコマンド

書式	説明
history [オプション]	過去に入力したコマンドの履歴(ヒストリー)を表示する

主なオプション	説明
オプションなし	履歴を表示する
-c	履歴を消去する

historyコマンドで、履歴を表示する。

$ history

例
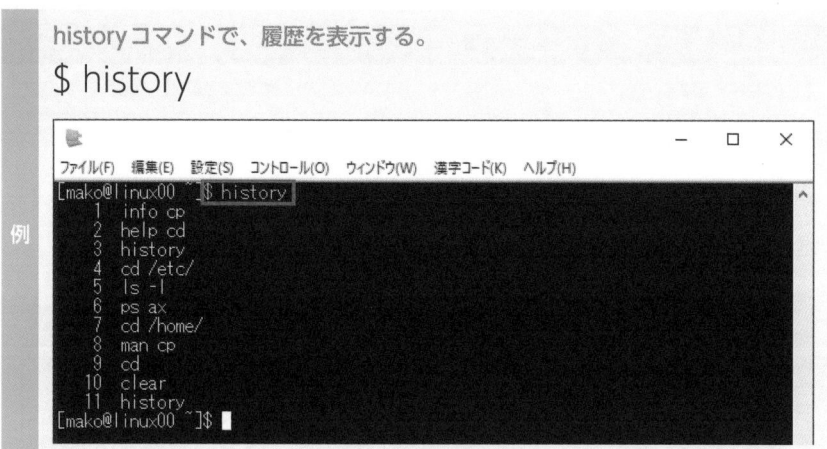

　入力したコマンドの履歴は、ホームディレクトリの.bash_historyファイルへ保存されている。ログイン時に.bash_historyファイルをメモリ上に読み込み、その後の操作履歴はメモリ上に追記される。.bash_historyファイルに書き込まれるのはログアウト時である。

　なお、このファイルは名前の頭に「.」がついているので、隠しファイルである。

● コマンド履歴を呼び出す

　過去の履歴からコマンドを呼び出すには、hisotoryコマンドで履歴番号を調べてから、「!履歴番号」をタイプする。

　また、[↑]キーや[Ctrl]+[P]キーで呼び出すこともできるので、複数回前に実行したコマンドを再実行したい場合は、こちらの方が便利である。なお、探していたコマンドを通り過ぎてしまった場合は、[↓]キーや[Ctrl]+[N]キーで戻ることができる。

履歴番号1のコマンドを実行する。

$!1

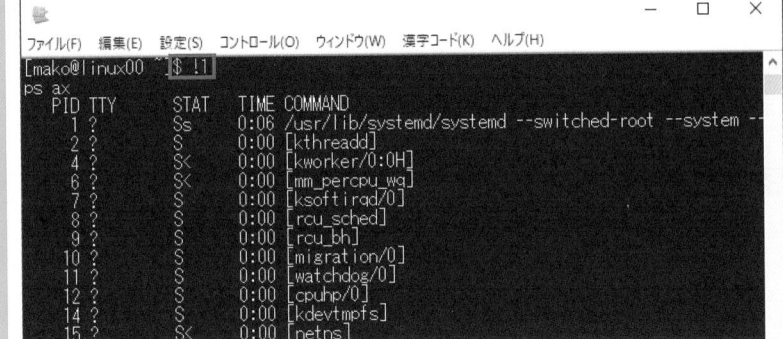

● コマンドのタイプを表示する

コマンドのパス名や、組込みコマンドかどうか (タイプ) を調べたい場合は、type コマンド※を使用する。

■ type コマンド

書式	説明
type [オプション] [コマンド名]	コマンドのタイプやファイルパスを表示する

主なオプション	説明
オプションなし	優先的に実行されるコマンドを表示する
-a	同名で実行可能なコマンドをすべて表示する
-t	タイプのみを表示する

type コマンドで、date コマンド※のファイルパスを表示する。

$ type date

```
[mako@linux00 ~]$ type date
date は /usr/bin/date です
[mako@linux00 ~]$
```

※ type コマンド……ファイルのパス名を調べるコマンドには、ほかに which コマンドがある。
※ date コマンド……現在の時刻を取得したり、設定したりするコマンド。

2 変数

重要度 ★★★★

指定した文字列や数値などの値を一時的に記録しておく領域のことを変数と言う。この節では、シェル変数や環境変数の仕組みと役割、表示・設定方法などについて、実行例を示しながら説明する。

☑ Point

◆ 変数

- 指定した文字列や数値等の値を記録しておく領域を、変数と言う。
- 変数には、シェル変数と環境変数の2種類がある。

◆ シェル変数

- シェルスクリプトの中で、処理結果を一時的に保存しておくための領域を、シェル変数と言う。
- シェル変数は、1つのシェル上でのみ有効な変数で、そのシェルから起動されたプロセスには引き継がれない。

◆ 環境変数

- プロセスの挙動を調整するためのパラメータの一種を、環境変数と言う。
- 環境変数は、シェル上から起動されたプロセスにも引き継がれる。
- 設定された環境変数の一覧を表示するには、printenv コマンドを使用する。
- 環境変数を表示・設定するには、export コマンドを使用する。
- シェル変数と環境変数を表示するには、set コマンドを使用する。
- 変数を削除するには、unset コマンドを使用する。

◆ メタ文字

- シェルによって解釈される特別な文字のことを、メタ文字と言う。

◆ コマンド検索パス

- ls とコマンド名のみで実行できるように、検索するパスを優先順に設定することをコマンド検索パスと言う。
- パスの確認は、echo $PATH を使う。

⊙ 変数

変数とは、値を入れることができる箱に例えられ、指定した文字列や数値等の値を記録しておく領域のことである（次の図を参照）。

シェルで使用できる変数には、シェル変数と環境変数の2種類がある。

■ 変数は値を入れることができる箱

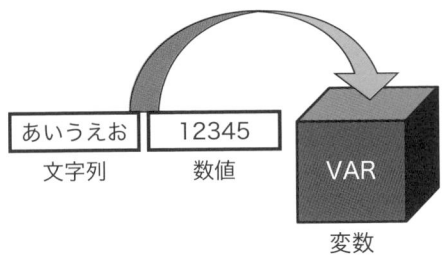

⊙ シェル変数

シェル変数は、ユーザーが自由に使える変数領域である。主な用法は、後述するシェルスクリプトの中で処理結果を一時的に保存しておくためである。あくまでも、そのシェル内においてのみ有効であり、そのシェルから起動されたプロセスには引き継がれない。

例として、本日の日付を変数「TODAY」に代入するコマンドを示す（次の図を参照）。変数に値を代入した時するには、「=」（イコール）を使い、「変数名＝値」と指定する。なお、「=」の前後には空白を入れない。

■ 本日の日付を変数に設定

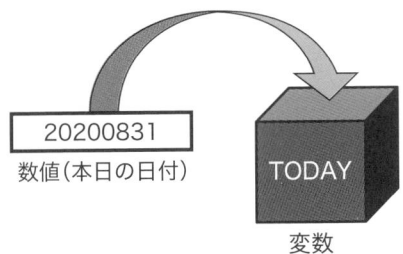

変数「FLG」にYES、変数「TODAY」に本日の日付を設定する。
$ FLG=YES
$ TODAY=`date +"%Y%m%d"`※

```
ファイル(F) 編集(E) 設定(S) コントロール(O) ウィンドウ(W) ヘルプ(H)
[mako@linux00 ~]$ FLG=YES
[mako@linux00 ~]$ TODAY=`date +"%Y%m%d"`
[mako@linux00 ~]$ echo ${FLG}
YES
[mako@linux00 ~]$ echo ${TODAY}
20221014
[mako@linux00 ~]$
[mako@linux00 ~]$
```

環境変数

環境変数は、OSが備える共有機能の1つであり、プロセス(プログラム)の挙動を調整するためのパラメータの一種である。シェル変数と異なり、そこから起動したプロセスにも引き継がれる。

環境変数は、プロセスの起動時、OSが用意した領域に格納される。したがって、環境変数は、シェル特有の機能などではない点に注意すること。

主要な環境変数には、次のようなものがある。

■ 主な環境変数

環境変数	説明
HOME	ホームディレクトリ(ユーザーがログインした際の作業ディレクトリ)
LANG	使用する言語ロケール(ローカライゼーション)
PATH	実行可能なファイル(コマンド)が配置されているディレクトリ
USER	ユーザー名

変数の表示と操作

シェル変数・環境変数の一覧表示や、設定・削除を行うためのコマンドを紹介する。

※ `~`……コマンドを「`」で囲むと、その出力を取り出すことができる。

● 環境変数の一覧を表示する

環境変数の一覧を表示するには、**printenv**コマンド[※]を使用する。

■ printenvコマンド

書式	説明
printenv [オプション][変数名……]	設定された環境変数の一覧を表示する

主なオプション	説明
オプションなし	環境変数の一覧を表示する
-0	一覧表示の際に、改行をしない
--null	一覧表示の際に、改行をしない

例 printenvコマンドで、環境変数「LANG」を表示してみる。指定する変数名には、$記号を付けない。

```
$ printenv LANG
```

● シェル変数と環境変数を表示する

setコマンドを使うと、シェル変数と環境変数のすべてが一覧表示される。ただし、すべての変数がいっぺんに出力され、画面上をスクロールしてしまうため、lessコマンドなどを併用するか、grepコマンドで絞り込むなどの工夫が必要となる。

■ setコマンド

書式	説明
set	シェル変数や環境変数を表示する

例 setコマンドとlessコマンドを使い、すべての変数をlessコマンドで一画面ごとと表示する。

```
$ set | less
```

● 環境変数を表示・設定する

環境変数を表示するには、**export**コマンドも使用できる。引数なしでexport

※ **printenvコマンド**……環境変数を単に一覧表示するだけなら、envコマンドも使用できる。実行結果は同じである。

コマンドを実行した場合は、設定されている環境変数の一覧が表示される。また、exportに続けて、既に設定されているシェル変数を指定すると、そのシェル変数がエクスポートされ、環境変数として登録される。

■ exportコマンド

書式	説明
export [シェル変数名[=値] ……]	環境変数を表示・設定する

主なオプション	説明
オプションなし	環境変数を表示する（設定の場合は変数名を指定する）

例 exportコマンドで、既に設定されているシェル変数「TODAY」を環境変数にする。
$ export TODAY

例 exportコマンドで、文字列「Essentials」を環境変数「SHIKAKU」として設定する。
$ export SHIKAKU=Essentials

● 変数の中身を確認する

設定された変数の値を確認するには、echoコマンドを使用する。echoコマンドは、指定された文字列を出力するが、変数の先頭に $ 記号を付けることにより、変数として扱われる。

なお、変数を参照する時に正確を期すためには、「${var}」のように変数名を{ }で囲む。

■ echoコマンド

書式	説明
① echo [オプション] 文字列	文字列を表示する
② echo [オプション] $ 変数名	変数の値を表示する

主なオプション	説明
オプションなし	文字列や変数に格納されている値を表示する
-n	文字列の最後に改行を出力しない

> **例** echoコマンドで、変数「TODAY」の値を確認する。
>
> $ echo $TODAY

● 変数を削除する

変数の削除には、**unset**コマンドを使用する。指定する変数名には、$記号を付けない。環境変数・シェル変数のどちらにも有効である。

■ unsetコマンド

書式	説明
unset [変数名]	変数を削除する

> **例** unsetコマンドで、変数「TODAY」を削除する。
>
> $ unset TODAY

◉ シェル変数と環境変数のまとめ

シェル変数と環境変数についてまとめると、次の表のようになる。

■ シェル変数と環境変数のまとめ

変数	有効範囲	設定	削除	値の確認
シェル変数	変数を設定したシェル	変数名=値	unset 変数名	echo $変数名
環境変数	変数を設定したシェルと、そこから起動したシェル・コマンド・アプリケーション	export 変数名=値 export シェル変数		

◉ メタ文字

シェルによって解釈される特別な文字を**メタ文字**もしくは**メタキャラクタ**と言う。メタ文字の役割には、メタ文字自体の意味を打ち消す（エスケープ）ものや、文字列をコマンドとして解釈するもの、変数を意味するものなどがある。これらを使えば、操作対象のファイルを指定する時などに重宝するので、意味を正しく理解しておくこと。

なお、正規表現にもメタ文字が使われるが、シェルで認識されるものとは意味

合いが異なるので、混同しないこと。

■ 主なメタ文字

メタ文字	呼び方	意味
!	感嘆符	履歴指定符。数字(履歴番号)と組み合わせて、再実行したい履歴を指定する
"	ダブルクォーテーション	「"」で囲まれた部分を文字列とみなす(メタ文字や空白も文字列とみなす。ただし「$」「`」「\」「"」は除く)
$	ドル記号	続く文字列が変数名であることを示す
&	アンパサンド	コマンドをバックグラウンドで実行させたい時、末尾に付加する
'	シングルクォーテーション	「'」で囲まれた部分は、メタ文字も含め、すべて単なる文字列とみなす。変数記号($)も同様に、変数展開されない
*	アスタリスク	ワイルドカードの1つ。任意の文字列を示す
;	セミコロン	コマンドの区切り。1行に複数のコマンド入力したい時などに用いる
<	小なり	標準入力をファイルから取り込む
>	大なり	標準出力をファイルにリダイレクトする
?	クエスチョンマーク	任意の1文字
[ ]	ブラケット	(1)コマンド列の最初に「[」が出現した場合は、テストコマンドと等価。囲まれた式を評価し、真理値※を返す。(2)コマンドの引数として出現した場合は、[ ]内に列挙された、いずれかの1文字に補完される※
\	バックスラッシュ(円マーク※)	これに続くメタ文字の特別な意味を打ち消し(エスケープ)、単なる文字として認識させたい場合に用いる。また、改行する前に置くと、これをエスケープするので、コマンドを複数行で記述したい時などに使える
~	チルダ、波線	ホームディレクトリに置き換わる
`	バッククォート、アクサングラーブ	「`」で囲まれた文字列※をコマンドとみなし、コマンドの実行結果を表示する

次の例は、変数VARにdateを設定する場合の例である。

※ **真理値**……true、falseに対応する1、0のこと。
※ **補完される**……例えば、[1-5]は「1から5のいずれかの文字」、[!123]は「1.2.3以外の文字」を表す。
※ **円マーク**……日本において、半角の円記号が割り当てられたコード(0x5c)は、ASCIIコードでバックスラッシュが割り当てられている。
※ **文字列**……変数の場合は、格納されている値。

① 「'」(シングルクォーテーション)で変数を囲った場合、囲まれた値を普通の文字列として扱う。

$ echo '$VAR'

② 「"」(ダブルクォーテーション)で変数を囲った場合、変数が展開されて表示される。

$ echo "$VAR"

③ クォーテーションなしの場合、「"」(ダブルクォーテーション)と同様、変数が展開されて表示される。

$ echo $VAR

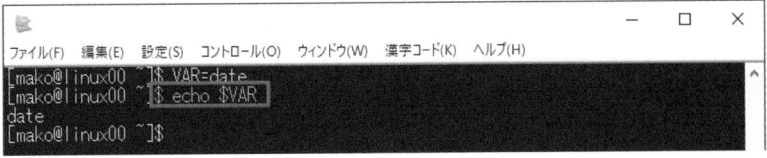

④ 「`」(バッククォート)で変数を囲った場合、コマンドとして扱われ、その結果を出力する。

$ echo `$VAR`

例

⦿ パスの操作

UNIXのコマンドはファイルとして存在し、それらを実行するには「/bin/ls」のように、フルパス名で指定すればよい。しかし、それでは不便なので、lsとコマンド名のみで実行できるよう、検索するパスを優先順に設定することができる。これを**コマンド検索パス**という。

コマンド検索パスは、環境変数「PATH」として設定する。また任意のパスを設定することを、俗に**パスを通す**などという。

● パスを確認する

現在のパス設定は、**echo $PATH**コマンドを実行することで確認できる。

> パス設定を確認する。
>
> ## $ echo $PATH

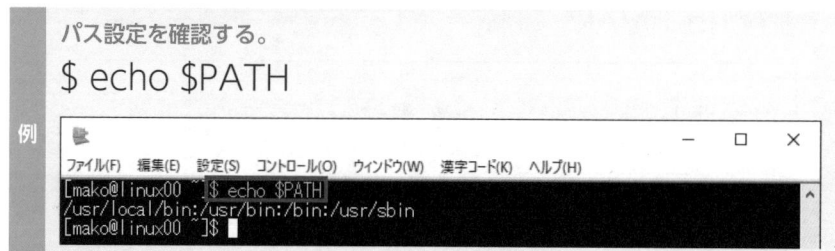

「:」は区切り文字である。上記の例では、次の3つのパスが通っている。

■ 設定されているパス

No.	通っているパス
1	/usr/local/bin
2	/usr/bin
3	/usr/sbin

● パスを追加する

PATHに設定を追加するには、任意の箇所を「:」で区切り、追記することで行う。一時的に設定するだけであれば、シェルのコマンドラインから入力してもよいが、恒久的に設定をしたい場合は、ホームディレクトリの.profileファイルなどに書かれている記述を編集しておく。

ホームディレクトリ (/home/mako)をカレントディレクトリとして、その配
下である「/home/mako/etc」をパス設定に追加して、shell.sh を実行する。

$ export PATH=$PATH:~/etc

```
[mako@linux00 ~]$ pwd
/home/mako/
[mako@linux00 ~]$ echo $PATH
/usr/local/bin:/usr/bin:/bin:/usr/sbin
[mako@linux00 ~]$ ls -l ./etc/
合計 4
-rwxr-xr-x 1 mako users 126  6月 10 15:25 shell.sh
[mako@linux00 ~]$ shell.sh
bash:コマンドが見つかりません。
[mako@linux00 ~]$ export PATH=$PATH:~/etc
[mako@linux00 ~]$ echo $PATH
/usr/local/bin:/usr/bin:/bin:/usr/sbin:/home/mako//etc
[mako@linux00 ~]$ shell.sh
Hello, world!
/home/mako/etc/shell.sh
num of args=0
PID=3037
[mako@linux00 ~]$
```

例

3　シェルスクリプト

重要度 ★★★★

> シェルスクリプトと呼ばれるファイルを使うと、複数の処理をまとめてシェルで実行することができる。この節では、シェルスクリプトの作成方法や、処理の流れを変える方法などについて、実行例を示しながら説明する。

☑ Point

◆ シェルスクリプト

- シェルで実行する一連の処理を列挙し、まとめて実行できるファイルをシェルスクリプトと言う。

◆ 基本的な構文

- 先頭の「#!」に続けて、そのスクリプトを実行するシェルを指定することが推奨されており、この記述をシェバンという。

◆ 特殊な変数

- シェルスクリプトでは予約された特殊な変数があり、通常の変数と同じく「$」で指定する。

◆ 処理の流れを変える

- for文は、inで列挙された値リストを順次、変数に代入し、値リストを読み切るまで繰り返す。
- while文は、条件式の評価が真である間は、処理を繰り返す。
- until文は、条件式の評価が偽である間は、処理を繰り返す。
- 条件によって処理を分岐させるにはif文、もしくはcase文を使う。

◆ シェルスクリプトの実行

- シェルスクリプトの実行は、bashまたはsourceを使う。

◉ シェルスクリプト

　シェルスクリプトとは、シェルで実行する一連の処理を列挙し、まとめて実行できるファイルのことである。Windowsのバッチファイルと同様、俗にバッチなどとも呼ばれるが、これはバッチ(一括)処理を意味する言葉である。

Linux は Windows と異なり、ファイル名について特段の約束事はない。ただし、人間がシェルスクリプトであることを判断しやすいように、ファイル名に拡張子（サフィックス※）を付加することもある。

実例として、「Hello, world!」を表示するだけの、簡単なスクリプトを示す。

```
echo Hello, world!
```

実行するには、上記の内容を「file.sh」としてカレントディレクトリに保存し、プロンプトから「bash file.sh」と入力すればよい。

ただし、このやり方では、実行時に「bash」も一緒にタイプしなければならないが、これはファイルに実行権限が付与されていないからである。単に「./file.sh」とタイプしただけで実行されるようにするには、そのファイルの所有者に実行権限を付加するよう、chmod コマンドでパーミッションを変更する（6-2節「パーミッション」を参照）。

```
mako@linux00:~> ls -l file.sh
-rw-r--r-- 1 mako users 31  6月 10 04:04 file.sh
mako@linux00:~> chmod u+x file.sh
mako@linux00:~> ls -l file.sh
-rwxr--r-- 1 mako users 31  6月 10 04:04 file.sh
```

● 基本的な構文

シェルスクリプトには、ルールが存在する。冒頭1行目に記述が推奨されているシェバンや、シェルスクリプトで使用できる変数について説明する。

● シェバン

シェルスクリプトの1行目は、どのシェルを使用するかを記述しており、**シェバン**※（shebang）と呼ばれる。

「#!」に続けて、どのシェル（プログラム）で実行するかを指定するもので、bash

※ **サフィックス**……末尾に付け加える文字のこと。
※ **シェバン**……シバン、シェバングとも呼ぶ。

で動作させる場合は「#!/bin/bash」※と記述する。

先ほどの「Hello, world!」をbashを使って表示させる場合は、次のように記述する。

```
#!/bin/bash
echo Hello, world!
```

●「#!/bin/sh」と「#!/bin/bash」の違い

bashは、shの機能を引き継ぎ、拡張機能を備えたシェルである。基本的には、shで実行できることはbashでも実行できるが、完全に互換性があるわけではない。そのため、bashの拡張機能をshで実行すると、エラーとなる場合がある。

なお、POSIXモード※での動作が有効になる要件は、下記の通りである。

①bashがshコマンドで起動された（シェバンに/bin/shが指定されている場合も同様）。
②bashが--posixオプションで起動された。
③bashの起動中に「set -o posix」などが実行され、シェル変数「SHELLOPTS」にposixが設定された。

要約すると、「#!/bin/bash」と「#!/bin/sh」とでは、非互換の部分があるので、注意が必要である。

■「#!/bin/sh」と「#!/bin/bash」の違い

シェバン	POSIXモード	説明
#!/bin/sh	ON	POSIXモードの動作になり、bashの拡張機能が制限される
#!/bin/bash	OFF	POSIXモードの動作にならないため、bashの一部機能が制限されない

※ #!/bin/bash……「#!bin/sh」は「#!/bin/bash」のシンボリックリンク（ショートカット）になっているが、ディストリビューションによって異なる可能性がある。
※ POSIXモード……IEEEによって定められた「UNXI系OSが備えるべき」とされる仕様の標準規格のこと。

● 特殊な変数

シェルにはシェル変数・環境変数だけでなく、特殊な変数もある。通常はシェルスクリプト内で使用するが、プロンプトから確認できるものもある。

■ 主な特殊変数

変数名	説明
$0, $1, $2…	引数を表す。ただし、$0にはスクリプト名がフルパスで挿入される
$#	スクリプトに与えた引数の個数
$?	直前実行したコマンドの戻り値（戻り値）。実行直後であれば、「echo $?」のようにプロンプトからも確認可能
$$	実行したスクリプトのプロセスIDを表す

● 戻り値の意味

戻り値は、コマンドやスクリプトが終了してシェルに戻る時に、意味づけをもって返却される値のことである。一般的に、正常終了の場合は「0」、異常終了の場合は、それ以外の値が返されることが多いが、どの値にどういう意味合いを持たせるかは、プログラマーの任意である。

このコードを確認することで、直前のコマンドの終了状態を確認できるので、シェルスクリプトにおいて多用される。

また、シェルスクリプト自体も戻り値を返すことができ、末尾にexitコマンドの引数として値を指定する。

> lsコマンドに間違ったオプションを指定してエラーを発生させ、その戻り値を確認してみる。
>
> ## $ ls -LKGR

例

● 引数について

引数(ひきすう)は、コマンドやスクリプトの実行時に、処理対象として与える値のことである。引数は文字列の場合もあれば、数値のこともある。

引数にまつわる特殊変数は2つあり、1つは引数の数である「$#」、もう1つは引数の値である。引数の値を参照するには、先頭から「$0」「$1」「$2」…とするが、$0はスクリプト自身の名前がフルパス名で挿入されている。10番目以降の引数を参照する場合には、${10}のように波カッコ(ブレース)で囲む必要がある。

■ 引数の指定

書式	説明
① [コマンド名] 引数	引数を指定する
② [コマンド名] 引数1 引数2 … 引数n	複数の引数を指定する

● 処理の流れを変える

シェルに限らず、プログラムコードは上から下に処理が進む。しかし、場合によっては、条件判断でジャンプしたり、あるいは繰り返したりする必要が出てくる。ここでは、そうした場合に使用する構文について説明する。

● 繰り返し処理

シェルで使用できる**繰り返し(ループ)処理**には、for文、while文、until文がある。

❶ for文

for文は、inで列挙された値リストを順次、変数に代入し、値リストを読み切るまで繰り返す。

■ for文の構文

```
for 変数名 in 値リスト ········ 値リストを読み切るまで、繰り返す
    do 処理···························· 処理の内容
done···································· forブロックの終了
```

> **例**
> カレントディレクトリ内のすべてのファイル名を表示するスクリプト。do～doneの間が実行させたい処理である。この例の場合はecho文が書かれているが、forのブロック内であることが判別できるよう、インデント(字下げ)が推奨される。
>
> ```
> #!/bin/sh
> for fname in ./*
> do
>     echo ${fname}
> done
> ```

❷ while文
while文は、条件式の評価が真(true)である間は、処理を繰り返す。

■ while文の構文

```
while 条件式··············· 条件式を満たすうちは、繰り返す
    do 処理················· 処理の内容
done························· forブロックの終了
```

第10章 シェルの操作【実践】

233

> カウンタの初期値を1として、ループの何回目かを表示する。10回ループしたら、終了する。なお、比較演算子の-leは、「小さいか、もしくは等しければ」という意味である。
>
> ```
> #! /bin/sh
> counts=1 # 初期値を設定
>
> while [ ${counts} -le 10 ]
> do
>     echo ${counts}回目
>     counts=`expr ${counts} + 1`
> done
> ```

例

❸ until文

until文は、while文と逆の論理であり、条件式の評価が偽(false)である間は、処理を繰り返す。

■ until文の構文

until 条件式 ················	条件式が満たされなければ、繰り返す
do 処理················	処理の内容
done····························	forブロックの終了

先にwhile文で書いた10まで表示するスクリプトを、until文を使って書き直してみる。なお、比較演算子の-gtは、「大きければ」という意味である。

例

```
#! /bin/sh
counts=1 # 初期値を設定

until [ ${counts} -gt 10 ]
do
    echo ${counts} 回目
    counts=`expr ${counts} + 1`
done
```

● 条件分岐処理

条件によって処理を分岐させるにはif文、もしくはcase文を使う。

❶ if文

if文は、条件式を評価し、真(true)もしくは偽(false)それぞれの処理を記述できる構文である。

■ if文の構文

```
if 条件式 ; then  ……… 条件式を評価
    処理1 ………………… 真の場合の処理
else
    処理2 ………………… 偽の場合の処理
fi
```

> ファイルの有無によって、メッセージを表示させるスクリプトの例。
>
> #! /bin/sh
>
> objname='file.txt' # 有無を判断するファイル名
>
> if [-f "${objname}"] ; then
>
> echo "${objname}は存在します！"
>
> else
>
> echo "${objname}は存在しません！"
>
> fi

❷case文

case文は、if文と同様に条件分岐をさせる構文ではあるが、真・偽ではなく、値の照合結果によって複数のパターンに分岐させることができる。評価される値は文字列として扱われるので、数字に限定されない。

■ case文の構文

```
case 値 in ………… 値を評価
    "1" ) ……………… 処理-1
    "2" ) ……………… 処理-2
    "3" ) ……………… 処理-3
………
    "n" ) ……………… 処理-n
esac
```

入力した数字に応じて分岐させる構文例。取り得る値は1から3までで、それ以外は範囲外と認識。無限ループになっているが、qかQを入力するとループを脱出し、終了する。

例

```sh
#! /bin/sh

while :
do
    echo -n "1から3までの値を入力してください : "
    read num

    case "$num" in
        "1" ) echo "1が入力されました。" ;;
        "2" ) echo "2が入力されました。" ;;
        "3" ) echo "3が入力されました。" ;;
        [qQ] ) break ;;
        * )   echo "範囲外の値です。 ;;"
    esac
done

echo "終了します。"
```

※本項は試験範囲外ながら、実務で必要となるために記載

◉ シェルスクリプトの実行

シェルスクリプトを実行するには、次の方法がある。

① シェルを起動する際の引数として渡す。
② source コマンドの引数に渡して実行する。
③ 実行権限を付与してコマンド実行する。

● シェルの引数として渡して実行する

　シェルを起動する際に、スクリプト名を引数として渡して起動する。csh や sh など、どのような種類のシェルでも使える方法である。

　現在のシェル上から、別のシェルを新たなプロセスとして生成しているため、スクリプト内で使用した変数は、エクスポート (export) されたものも含めて、すべて終了時に失われる。

　なお、ここでは bash を使っているが、対象が csh や sh などであっても、書式は同じである。

■ bashコマンド

書式	説明
bash [オプション] [スクリプト名] [スクリプトの引数]	シェルスクリプトを実行する

主なオプション	説明
オプションなし	シェルスクリプトを実行する
-x	実行コマンドを表示する（デバッグ用）

> 例 スクリプト名「scr.sh」を sh コマンドの引数として渡し、さらにスクリプトの引数として「50」を渡す。
>
> $ sh scr.sh 50

● sourceコマンドで実行する

次に紹介する方法は、**source**コマンドを使うものである。現在のシェル上で、指定したスクリプトを実行するために使われる。sourceコマンドはシェルに組み込まれた「ビルトイン」のコマンドであり、オプションはない。また、別名として「.」コマンドも用意されており、「source」と入力する代わりに使うことができる。

主に、環境変数を設定するスクリプトで使用され、スクリプト内でエクスポートした変数は、スクリプトの終了後も現在のシェルで参照することできる。

なお、呼び出すスクリプトの中にexit文があると、スクリプトと同時に呼び出したシェルも一緒に終了してしまうので、留意すること。

■ source（または「.」）コマンド

書式	説明
① source [スクリプト名] [スクリプトの引数]	シェルスクリプトを実行する
② . [ファイル名] [スクリプトの引数]	

● 実行権限を付与して実行する

別のコマンドのから呼び出すのではなく、ファイル名を指定するだけで実行させるには、パーミッションを変更し、スクリプトに実行権限を付与する（6-2節「パーミッション」を参照）。実行権限を付与すると、ほかのコマンドと同様、単に「script.sh」などとプロンプトから入力するだけで実行できるようになる。

ただし、カレントディレクトリにあるスクリプトを実行するには、「./script.sh」のように指定する必要がある点に留意すること。

■ ./[ファイル名]

書式	説明
./[ファイル名]	シェルスクリプトを実行する

● シェルスクリプトの実行例

　例として、ファイルのコピーバックアップを行うシェルスクリプト「script.sh」を作成して実行する。

OnePoint 引数に指定するもの

- ・$1（第1引数）：コピー元ファイルの格納ディレクトリを指定
- ・$2（第2引数）：コピー先ファイルの格納ディレクトリを指定
- ・$3（第3引数）：コピー元ファイル名を指定
- ・$4（第4引数）：コピー先ファイル名を指定

例　bashコマンドで、ホームディレクトリ「~」に格納されている「file01」を「/tmp」ディレクトリに「file02」としてコピーする（必要になる権限が付与されていること）。

$ bash script.sh ~ /tmp file01 file02

● 実行後確認

　実行後、コピー先ファイルが格納されているディレクトリでls -lコマンドを実行し、ファイルがコピーされていることを確認する。

練習問題

「Ping-t 最強WEB問題集 Linux Essentials（Ver1.6）」より出題！

1 シェルの役割として正しいものはどれか。（問題ID：2611）

(a) 実行したコマンドの履歴を保存する機能

(b) ユーザーの入力をカーネルへ伝える窓口

(c) ユーザーがカーネルを変更する際に利用する関数

(d) カーネルの機能の一部で、ユーザー入力を補助する

(e) カーネルを更新する際に使用するアップデートファイル

2 cpコマンドのオンラインマニュアルを参照したい。適切なコマンドラインはどれか。（問題ID：2619）

(a) man --help cp

(b) man cp

(c) cp --help

(d) cp man

(e) usage cp

3 LinuxのデフォルトシェルBashにおいて、入力したコマンドの履歴を保存するファイルはどれか。（問題ID：2612）

(a) .bash_history

(b) history

(c) passwd

(d) !

(e) passwd_file

4 環境変数「TEST」に、値「ping-t」を設定するコマンドはどれか。(問題ID：2727)

(a) $$TEST=ping-t

(b) TEST=ping-t

(c) set TEST=ping-t

(d) export $TEST=ping-t

(e) export TEST=ping-t

5 環境変数PATHについて正しく述べているものはどれか。(問題ID：2614)

(a) lsコマンドを実行できるようにする

(b) ユーザーがログインした際のデフォルトシェルを決定する

(c) ユーザーがアクセスできるディレクトリを示している

(d) 実行ファイルの場所を意識することなくコマンドを実行できるようにする

(e) rootユーザーはすべてのディレクトリへのアクセス権を持っているため設定されていない

6 Bashのシェルスクリプトの1行目に記述する内容として、正しいものはどれか。(問題ID：2652)

(a) #/bin/bash

(b) #!/bin/bash

(c) !#/bin/bash

(d) !/bin/bash

(e) /bin/bash

ネットワークの
設定と管理
【実践】

これまではLinuxについて学習してきた。学んだことを実務に生かすためには、Linuxの知識に加えて、ネットワークの知識も必要となる。第11章では、ネットワークに関する知識と、Linuxにおけるネットワークの設定方法について説明する。

keyword
□ネットワーク
□IPアドレス

1 ネットワークの基礎

重要度 ★★★★

エンジニアのみならず、今や一般の人にとってもネットワークの知識は必要不可欠なものになっている。この節では、プロトコルやIPアドレス、DNSなど、ネットワークの基礎について説明する。

☑ Point

◆ ネットワークの概要

- 複数のコンピュータが相互に接続され、通信を行う仕組みを、コンピュータネットワークと言う。
- 相互通信を行うために定められている約束事を、プロトコルと言う。
- IPも代表的なプロトコルの一種である。
- IPネットワークで接続される機器すべてに付与される番号を、IPアドレスと言う。

◆ IPアドレス

- IPプロトコルのアドレス体系には、IPv4とIPv6の2種類がある。
- IPv4で、複数のネットワークに分割するための仕組みを、サブネットマスクと言う。
- IPv4のアドレスは、ネットワーク部とホスト部によって構成される。
- IPアドレスには、グローバルIPアドレスとプライベートIPアドレスがある。
- IPアドレスはホスト（機器）に割り当てられるのではなく、機器が持つネットワークインターフェース(NIC)に割り当てられる。

◆ DNSの概要

- IPアドレスとドメイン名の対応を管理する仕組みをDNSと言う。
- DNSサーバーには、キャッシュDNSサーバーと権威DNSサーバーの2種類がある。

◉ ネットワークの概要

● インターネット

インターネットには政府機関から企業・教育機関まで、全世界のあらゆるネットワークが相互に接続している。まさに『ネットワークのネットワーク』と言われる所以であり、全体を統括する管理者は存在しない。

ユーザーがインターネット上で、目的とするWebサイト (サーバー) に接続する時、そこにたどり着くまでに様々な経路を経由する。場合によっては、悪意のあるネットワークを経由する可能性もあるため、途中で通信を盗聴されたり、パケット※を改ざんされたりする危険性がある。こうしたことから、インターネットを利用するユーザーには等しく、セキュリティ対策が必要になる。

● プロバイダ

インターネットを利用したい場合は、通信接続業者と契約して回線を引いた上で、接続時にグローバルIPアドレス(後述)を割り当ててもらう必要がある。この時の通信業者のことを**ISP**(Internet Service Provider)、もしくは単に**プロバイダ**と呼ぶ。

もちろん、インターネットに接続せず、企業内や家庭内でのみ通信する場合は、プロバイダとの契約は必要ない。

● ネットワーク

複数のコンピュータ (電子機器)が相互に接続され、通信を行う仕組みが**コンピュータネットワーク**であり、略して**ネットワーク**と言う。ネットワークのおかげで、メッセージを送受信したり、ファイルを共有したりできる。

広義の「ネット」という言葉はインターネットを指すことも多いが、インターネットに接続していなくても、ネットワークは成立する。

※ **パケット**……通信効率を良くするため、1つのデータのままではなく、いくつかの小さなブロックに分割した細切れのデータのこと。

■ ネットワーク

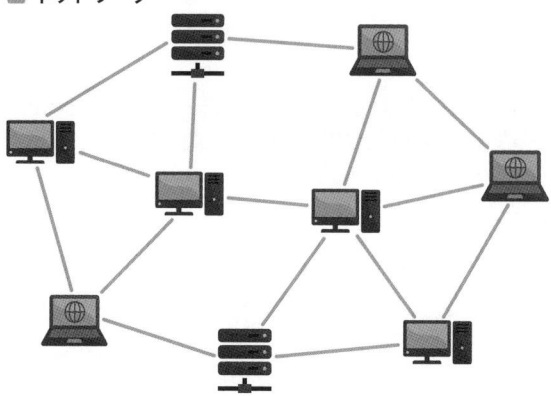

● LANとWAN

　企業や家庭など、1つの建物内で構成されたネットワークを**LAN**(ocal Area Network：ラン)と言い、通信業者が提供する回線サービスを使用してLAN同士が繋がれたネットワークのことを**WAN**(Wide Area Network：ワン)と言う。これらを簡単に表したものが次の図である。

■ LANとWANのイメージ

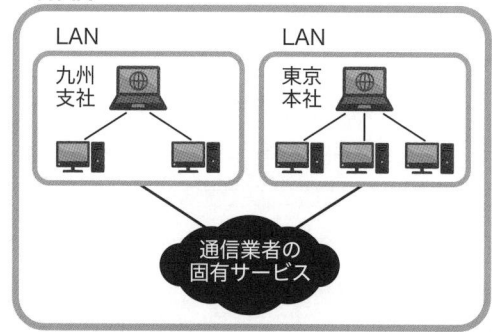

● プロトコル

　コンピュータ同士の通信は、あらかじめ規格化された電文の形式や手順を用いて行う。こうしたルールのことを**プロトコル**と言う。プロトコルは数多く策定さ

れているが、現代では**インターネットプロトコル**（Internet Protocol：**IP**）をベースに通信を行っている。

IPの上位には、さらに**TCP**（Transmission Control Protocol）や**UDP**（User Datagram Protocol）が規格化されている。

TCPは、通信相手との間で受信確認を行い、もしもデータの欠落などが起きた場合は、それを再送してもらう手順などが定められているので、信頼性が高い。一方のUDPは、信頼性よりも効率を優先するプロトコルであるため、TCPのような受信確認や再送制御は行われない。

● IPネットワーク

現在ほとんどすべてのコンピュータネットワークは、インターネットプロトコル（IP）を使って構成された**IPネットワーク**である。

IPネットワークにおいては、接続される機器すべてに**IPアドレス**と呼ばれる番号を付与し、その番号を用いて通信先を特定する。ただし、IPアドレスを割り当てる対象は機器（ホスト）ではなく、あくまでも**NIC**（Network Interface Card：ニック）である。よって、複数のNICが搭載されている機器は、その数だけIPアドレスを消費する点に留意が必要である。

コンピュータネットワークで使われている現在のIPには、**IPv4**（Internet protocol version4）と**IPv6**（Internet protocol version6）がある。従来、IPv4が広く使われてきたが、インターネットの急速な普及により、IPアドレスの枯渇が心配された。そこで登場したのがIPv6であり、1999年にはインターネット番号の割当機関であるIANA（Internet Assigned Numbers Authority：アイアナ）により初めてIPv6アドレスの割り当てが開始された。IPv6は、32ビットであったIPv4アドレスの4倍、つまり128ビットに拡張されているため、枯渇の心配はない。

なお、本書においては、IPv4を主眼として説明する。

● ルーター

ルーター（router）とは、異なるネットワーク間を中継するための機器である。同一のネットワークに接続された機器はお互いに通信できるものの、異なるネットワーク上の機器と直接、通信することができない。このため、通信経路や通信

規約を管理・制御しつつ、ネットワーク同士の橋渡しをする機器が必要となった。

　ルーターには、異なるネットワーク同士の通信を実現するために、ルーティングとフォワーディングと呼ばれる機能が備わっている。

　ルーティングとは、データを目的地まで送信するためにネットワーク上の配送経路を制御する仕組みのことである。異なるネットワークと通信する際、基本的には、PCから出力されたデータはルーターに到達し、ルーターが目的地に向けてデータをフォワーディングする。

　フォワーディングとは、あらかじめ指定された条件や設定に基づいて、外部から受信したデータを特定の宛先へ転送する機能のことである。

　もっとも身近なルーター機器としては、**ブロードバンドルーター**を挙げることができる。これも、自宅内LANと、外部ネットワークである接続業者とを中継する機器である。

◉ IPアドレス

● IPアドレスの表記

　前述した**IPv4**では、32ビット長のIPアドレスが使用される。2進数では人間にわかりにくいため、32ビットを8ビットずつ4つに区切った上で、それぞれを10進数に変換し、「.」(ドット)で区切って表現する。

　例えば、「172.16.1.1」は、次のようなIPアドレスを10進数で表記したものである。この8ビットずつ区切った1つを**オクテット**[※]と言う。先ほどの例では、最初のオクテットが「172」、2つ目が「16」、3つ目が「1」、4つ目が「1」となる。次の図は、この例を表したものである。

■ **2進数から10進数への変換**

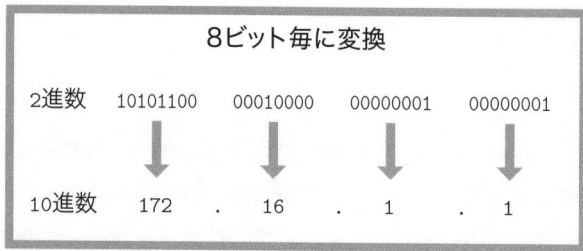

```
             8ビット毎に変換

2進数    10101100    00010000    00000001    00000001
            │           │           │           │
            ▼           ▼           ▼           ▼
10進数     172    .     16    .      1    .      1
```

※ **オクテット**……オクト(octet)は「8」の意。

● サブネットマスク

サブネットマスク (subnet mast)とは、IPv4アドレスで、複数のネットワークに分割するための仕組みである。そもそも、ネットワークを分割する目的は、だいたい次のようなものである。

①組織内の部署間で、セキュリティ面から参照できる範囲を制限したい場合。
②開発環境と本番環境など、影響範囲を限定したい場合。
③コンピュータの台数が多く、分割して管理する方が効率的な場合。

32ビットのIPv4アドレスは、**ネットワーク部**と**ホスト部**[※]によって構成される。その上で、ネットワークを分割する際、最初に考慮すべき点は、同一ネットワークの上に、何台の機器が接続するかということである。接続する台数が少なければ、ホスト部は3ビットや4ビットでも十分であるし、反対に台数が多ければ、おのずとホスト部を大きく取る必要が出てくる。

この時、ホスト部のビット数を確保するために、ネットワーク部のビット長を定める必要があるが、このネットワーク部のビット長がサブネットマスクである。

例えば、通常の家庭内LANでは、24ビットのサブネットマスクが一般的だが、サブネットマスクは1ビット単位で設定できるものである点に留意すること。

次ページの図において、「1」で表している部分がネットワーク部、「0」で表している部分がホスト部である。この場合、サブネットマスクは24ビットである。

IT業界においては、IPv4アドレスを例えば「172.16.1.1/24」などと表記するが、この表現方法を**CIDR**(Classless Inter-Domain Routing：サイダー)と呼ぶ。

※ **ネットワーク部とホスト部**……IPv6においては、IPv4のネットワーク部に相当する部分を「ネットワーク識別子」、ホスト部のそれを「インターフェース識別子」と呼ぶ。語句は違うが、概念は同じである。

■ ネットワーク部・ホスト部とサブネットマスク

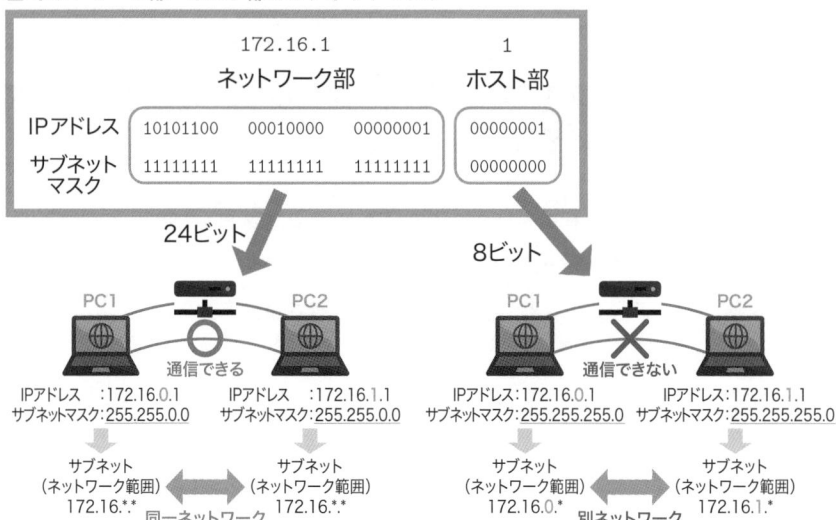

● IPアドレスの種類

TCP/IPでは、通信相手を特定するために**IPアドレス**を使用している。そのため、ネットワーク内に重複するアドレスを設定することはできない。同様にLANにおいても重複は許されず、同じIPアドレスを持つ機器が複数存在することはできない。

IPアドレスには大きく2種類あり、1つはグローバルIPアドレス、もう一方はプライベートIPアドレスである。

❶グローバルIPアドレス

グローバルIPアドレスは、インターネットに接続された機器に一意に割り当てられるIPアドレスであり、世界的にはIANAの後継組織であるICANN (Internet Corporation for Assigned Names and Numbers：アイキャン)、日本では JPNIC (Japan Network Information Center：一般社団法人 日本ネットワークインフォメーションセンター)という非政府組織で管理している。

❷プライベートIPアドレス

組織内や家庭内で使用するIPアドレスを**プライベートIPアドレス**と呼ぶ。プラ

イベートIPアドレスは、あくまでLAN内で一意であればよく、決められた範囲内であれば任意のIPアドレスを自由に設定できる。

また、ブロードバンドルーターには、**DHCP** (Dynamic Host Configuration Protocol) という機能が実装されており、IPアドレスが自動的に設定されるので、特にユーザー側の配慮は必要ない。

なお、プライベートIPアドレスとして設定できる範囲は、次の表のようにクラス分けされている。

■ **使用可能なプライベートIPアドレスの範囲**

クラス	範囲	サブネットマスク	マスク長
Class A	10.0.0.0 - 10.255.255.255	255.0.0.0	(8bit)
Class B	172.16.0.0 - 172.31.255.255	255.255.0.0	(16bits)
Class C	192.168.0.0 - 192.168.255.255	255.255.255.0	(24bits)

⦿ DNSの概要

● DNSの仕組み

DNS (Domain Name System) とは、IPアドレスとドメイン名の対応を管理する仕組みのことである。

IPアドレスは覚えにくいのはもちろん、ビジネス上でも都合が悪い。人間が扱いやすいドメイン名 (ホスト名) を設定して管理している。その際、DNSという仕組みを利用して、ドメイン名とIPアドレスの変換を行う。この変換作業のことを**名前解決**と言う。ドメイン名からIPアドレスに変換することを「正引き」、IPアドレスからドメイン名に変換することを「逆引き」と言う。

● ゾーンについて

DNSサーバーの説明をする前に、ゾーンについて触れておく。

ゾーンとは、それぞれの権威DNSサーバーが管理する範囲のことであり、階層構造をなしている。それぞれのゾーンにおける名前解決のための情報を「ゾーン情報」と呼び、ゾーン情報を記録したファイルを「DNSレコード」もしくは「リソースレコード」と呼ぶ。

　DNSレコードとは電話帳のようなもので、ホスト名と対応するIPアドレスを記述したテキストファイルである。

　次の図は、DNSゾーンの模式図であるが、ルートドメインを頂点として階層構造をなしていることがわかる。ルートドメインの配下には「.com」「.net」「.org」などがあるが、それぞれが配下のすべてを管理している。例えば「.com」であれば、すべての.comドメインのDNSレコードを管理している。

　その下には、例として「example.com」を示したが、このDNSサーバーもexample.comのドメインをすべて管理している。さらに、組織機構上の都合で「sub.example.com」というサブドメインを作成した場合も、そのサブドメインは別のDNSサーバーで管理される。

■ DNSサーバーとゾーンの範囲

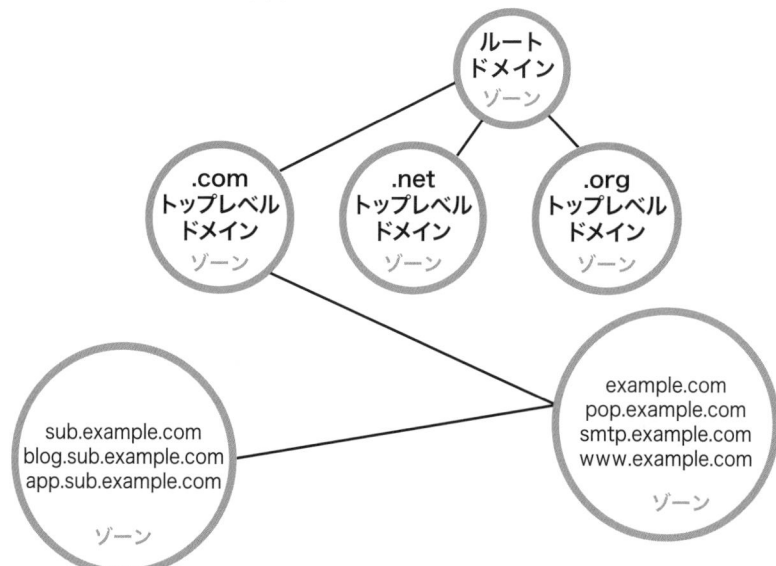

● DNS サーバーの種類

DNS サーバーは**リゾルバ**とも呼ばれ、**キャッシュ DNS サーバー**と**権威 DNS サーバー**の2種類がある。

❶キャッシュ DNS サーバー

フルサービスリゾルバとも呼ばれる。自身ではゾーンを管理せず、DNS クライアントからの問い合わせ（クエリー）に応じて上位の権威 DNS サーバーに問い合わせ、結果を代理で回答するサーバーである。インターネットに接続する時、プロバイダから案内される DNS サーバーは、このタイプである。

❷権威 DNS サーバー

ゾーンファイルを管理するとともに、キャッシュ DNS サーバーからの問い合わせを受けるサーバーである。自身が管理しているゾーンファイルをもとに、問い合わせに回答するが、解決できない場合は、さらにその下の権威 DNS サーバーを参照するよう返答する。

なお、対応する情報によって、A レコードや NS レコード、MX レコードなどの種類があるが、詳しくは別の文献を参照してほしい。

また、**DNS クライアント**は、**スタブリゾルバ**とも呼ばれ、DNS サーバーへの問い合わせを担うソフトウェアである。

次ページの図は、DNS クライアントが「www.example.com」の Web サイトにアクセスしようとした場合に、実際にどのような流れで名前解決が行われるかを示したものである。

なお、図の中では、権威 DNS サーバーはそれぞれ1台ずつになっているが、権威 DNS サーバーが止まってしまうとドメイン名を利用しているインターネットのあらゆる機能が使えなくなってしまうため、実際には各ドメインごとに配置される権威 DNS サーバーは最低2台で運用するという慣行になっていて、1台が止まってももう1台がバックアップするという形になっている。また、上位の階層の権威 DNS サーバーほど、止まった時の影響が大きいため、最上位の権威 DNS サーバーは全世界に13組配置されている。

■ 名前解決の仕組み

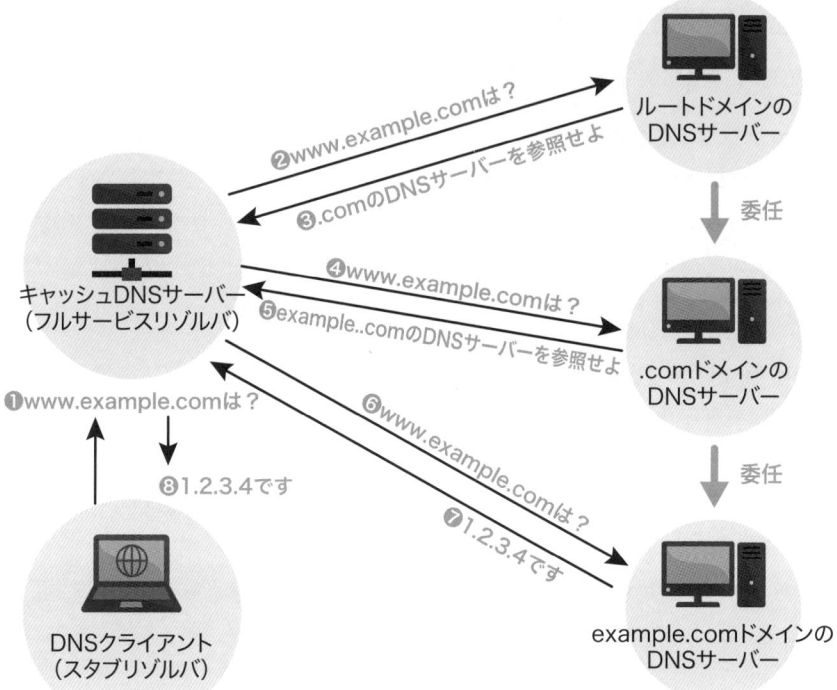

2 ネットワークの設定と管理

重要度 ★★★★

ネットワークの設定を変更するには、コマンドを使ったり、設定ファイルを変更する必要がある。この節では、ネットワークの設定・管理方法などについて、実行例を示しながら説明する。

☑ *Point*

◆ ネットワーク設定の問い合わせ

- ルーティングテーブルの内容の表示は、routeを使う。
- ネットワークデバイスやルーティングなどの表示/変更は、ipを使う。
- NIC情報の確認は、ifconfigまたはiproute2を使う。
- ポートの状態を確認するには、netstatまたはssを使う。
- ホスト名の変更はhostnamectl、ホスト名の確認はhostnameを使う。
- ホストの動作状況の確認は、pingを使う。
- ホスト名からIPアドレスを調べたり、IPアドレスからホスト名を調べるには、hostを使う。
- SSHでリモート接続するには、sshを使う。

◉ ネットワーク設定の問い合わせ

Linux上でネットワークの設定を変更するには、コマンドを使用する方法と、設定ファイルを編集する方法※がある。

● ルーティングテーブルの表示や操作を行う

ルーティングテーブルは**経路情報**とも呼ばれ、宛先ごとに経路(ルート)を保持している表である。イメージとしては、行先と番線が書かれた、鉄道駅の表示板のようなものである。

ルーティングテーブルの表示や操作を行うには、**route**コマンド※を使用する。

※ **設定ファイルを編集する方法**……ただし細かい部分は、ディストリビューションやパッケージによって異なる。
※ **route コマンド**……「netstat -r」コマンドを使用しても、同様の結果が得られる。

■ ルーティングテーブルの項目

項目	説明
Destination	宛先のネットワークもしくはホスト
Gateway	ゲートウェイのアドレス（「*」は未設定）
Genmask	宛先のサブネットマスク（ホストは255.255.255.255、デフォルトゲートウェイは0.0.0.0）
Flags	経路の状態 U：経路が有効 H：宛先はホスト G：ゲートウェイを使用 ！：経路が無効
Metric	宛先までの距離
Ref	ルートの参照数（不使用）
Use	経路の参照回数
Iface	この経路を使うNIC名

■ routeコマンド

書式	説明
route [オプション]	ルーティングテーブルの内容を表示する

主なオプション	説明
-4	IPv4の情報を表示/操作する
-6	IPv6の情報を表示/操作する
-n	名前解決を行わない（IPアドレスで表示）

routeコマンドで、ルーティングテーブルの内容を表示する。

$ route

例

```
[mako@linux00 ~]$ route
Kernel IP routing table
Destination     Gateway         Genmask         Flags Metric Ref    Use Iface
default         192.168.213.2   0.0.0.0         UG    100    0        0 eth0
192.168.213.0   0.0.0.0         255.255.255.0   U     100    0        0 eth0
[mako@linux00 ~]$
[mako@linux00 ~]$ netstat -rn
Kernel IP routing table
Destination     Gateway         Genmask         Flags MSS Window  irtt Iface
0.0.0.0         192.168.213.2   0.0.0.0         UG      0 0          0 eth0
192.168.213.0   0.0.0.0         255.255.255.0   U       0 0          0 eth0
[mako@linux00 ~]$ cls
```

● NICやルーティングテーブルなどを管理する

PCには、PCとネットワークとの窓口となるNICが存在する。最近ではPC本体に内蔵されており、LANケーブルや無線を通してネットワークへと接続することができる。NICには、「enp0s3」「eth0」といった名前が付けられている。

ipコマンドは、ネットワークデバイスやルーティングテーブルなどを管理するコマンドである。

■ ipコマンド

書式	説明
ip [オプション] オブジェクト [サブコマンド]	ネットワークデバイスやルーティングなどの表示と変更を行う

主なオプション	説明
-4	IPv4を使用
-6	IPv6を使用

サブコマンド	説明
show	実行結果を表示する(サブコマンドを省略するとshowが指定されたことになる)

ipコマンドの操作できる主なオブジェクト(対象)は、次の表の通りである。

■ ipコマンドで操作できる主なオブジェクト

オブジェクト	別名(省略形)	説明
link	l	ネットワークデバイス
addr	a、address	ネットワークデバイスのIPアドレス
route	r	ルーティングテーブルのエントリー

例

ipコマンドで、ネットワークデバイスのIPアドレスの情報を表示する (IPアドレスはサンプル)。

$ ip address show

```
ファイル(F)  編集(E)  設定(S)  コントロール(O)  ウィンドウ(W)  漢字コード(K)  ヘルプ(H)

[mako@linux00 ~]$ ip address show
1: lo: <LOOPBACK,UP,LOWER_UP> mtu 65536 qdisc noqueue state UNKNOWN group defaul
t qlen 1000
    link/loopback 00:00:00:00:00:00 brd 00:00:00:00:00:00
    inet 127.0.0.1/8 scope host lo
       valid_lft forever preferred_lft forever
    inet6 ::1/128 scope host
       valid_lft forever preferred_lft forever
2: eth0: <BROADCAST,MULTICAST,UP,LOWER_UP> mtu 1500 qdisc pfifo_fast state UP gr
oup default qlen 1000
    link/ether 00:0c:29:c3:0c:37 brd ff:ff:ff:ff:ff:ff
    inet 192.168.213.130/24 brd 192.168.213.255 scope global noprefixroute dynam
ic eth0
       valid_lft 1507sec preferred_lft 1507sec
    inet6 fe80::2414:a948:d7cb:42fa/64 scope link noprefixroute
       valid_lft forever preferred_lft forever
[mako@linux00 ~]$ █
```

例

ipコマンドで、ルーティングテーブルのエントリーを表示する。

$ ip route show

```
ファイル(F)  編集(E)  設定(S)  コントロール(O)  ウィンドウ(W)  漢字コード(K)  ヘルプ(H)

[mako@linux00 ~]$ ip route show
default via 192.168.213.2 dev eth0 proto dhcp metric 100
192.168.213.0/24 dev eth0 proto kernel scope link src 192.168.213.130 metric 100

[mako@linux00 ~]$
```

● NICの情報を確認する

IPアドレスを確認する時に使われるのが、**ifconfig**コマンドである (最近では、**iproute2**コマンドが使われることも多い)。ifconfigコマンドは、NICの状態表示や設定を行う。

■ ifconfigコマンド

書式	説明
ifconfig [NIC名] [パラメータ]	NICの情報を確認する

パラメータ	説明
IPアドレス	IPアドレスを設定する
netmask サブネットマスク	サブネットマスクを設定する
up	NICを有効化する
down	NICを無効化する

ifconfigコマンドで、NIC（eth0）の情報を確認する。

$ ifconfig eth0

例

```
ファイル(F)  編集(E)  設定(S)  コントロール(O)  ウィンドウ(W)  漢字コード(K)  ヘルプ(H)
[mako@linux00 ~]$ ifconfig eth0
eth0: flags=4163<UP,BROADCAST,RUNNING,MULTICAST>  mtu 1500
        inet 192.168.213.130  netmask 255.255.255.0  broadcast 192.168.213.255
        inet6 fe80::2414:a948:d7cb:42fa  prefixlen 64  scopeid 0x20<link>
        ether 00:0c:29:c3:0c:37  txqueuelen 1000  (Ethernet)
        RX packets 2316  bytes 474996 (463.8 KiB)
        RX errors 0  dropped 0  overruns 0  frame 0
        TX packets 1915  bytes 329971 (322.2 KiB)
        TX errors 0  dropped 0  overruns 0  carrier 0  collisions 0

[mako@linux00 ~]$
```

● ポートの状態を確認する①

　ポートは、送信元と送信先のアプリケーションを識別するために使用される番号である。どのアプリケーションが何番ポートを使用するかあらかじめ決められているので、ポートの確認をすることで、どのアプリケーションが動作しているか判断することができる。なお、ネットワーク通信を行うアプリケーションでは、**ソケット**と呼ばれるインターフェースを通じて間接的に利用することが多い。

　ポートの状態を確認するには、**netstat**コマンドを使用する。解放されているポートの確認に使われることが多い。ポートを調べることで、どんなサービスが動作しているのか判断が可能になる。

■ netstatコマンド

書式	説明
netstat [オプション]	ポートの状態を確認する

主なオプション	説明
オプションなし	ポートの状態を確認する
-a	すべてのソケット情報を表示する
-l	接続待ち(LISTEN)状態にあるソケットのみ表示する
-t	TCPソケットを表示する
-u	UDPソケットを表示する

netstatコマンドで、ポートの状態を確認する。

$ netstat -alt

例
```
[mako@linux00 ~]$ netstat -alt
Active Internet connections (servers and established)
Proto Recv-Q Send-Q Local Address        Foreign Address      State
tcp        0      0 localhost:domain     0.0.0.0:*            LISTEN
tcp        0      0 0.0.0.0:ssh          0.0.0.0:*            LISTEN
tcp        0      0 0.0.0.0:hostmon      0.0.0.0:*            LISTEN
tcp        0    340 linux00:ssh          10.0.4.194:63250     ESTABLISHED
tcp6       0      0 [::]:ssh             [::]:*              LISTEN
tcp6       0      0 [::]:websm           [::]:*              LISTEN
tcp6       0      0 [::]:hostmon         [::]:*              LISTEN
[mako@linux00 ~]$
[mako@linux00 ~]$
```

● ポートの状態を確認する②

　netstatコマンドと同じく、解放されているポートを確認することができるのが**ss**コマンドである。

■ ssコマンド

書式	説明
ss [オプション]	ポートの状態を確認する

主なオプション	説明
オプションなし	ポートの状態を確認する
-a	すべてのソケット情報を表示する
-l	接続待ち(LISTEN)状態にあるソケットのみ表示する
-t	TCPソケットを表示する
-u	UDPソケットを表示する

ssコマンドで、ポートの状態を確認する(sshサーバー等が接続待ち状態になっていることがわかる)。

```
$ ss -alt
```

例

● /etc/resolv.conf ファイル

DNSによる名前解決を利用するには、どこにあるDNSサーバーを参照するか設定する必要がある。参照先DNSサーバーは、**/etc/resolv.conf ファイル**で設定する。

次の例では「192.168.0.1」と「8.8.8.8」(Googleが提供しているDNSサーバー)にあるDNSサーバーを使用するよう設定している。

■ /etc/resolv.conf ファイルの設定

```
nameserver 192.168.0.1
nameserver 8.8.8.8
```

● ホスト名を変更する

/etc/hostname ファイルでホスト名の設定を行える。ここで言うホスト名とは、Linux マシンに付ける名前のことである。「centos8」のように1つの単語で表す場合と、「centos8.example.com」のようにドメイン名とセットで表す場合がある。

また、ホスト名の変更は、**hostnamectl** コマンドでも行うことができる。

■ hostnamectl コマンド

書式	説明
hostnamectl [オプション]	ホストネームに関する設定を変更する

主なオプション	説明
set-hostname [ホスト名]	ホスト名を変更する

例 hostnamectl コマンドで、ホスト名を変更する。
$ hostnamectl set-hostname [ホスト名]

● ホスト名を確認する

ホスト名を確認するには、**hostname** コマンドを使用する。

■ hostname コマンド

書式	説明
hostname [オプション]	ホスト名を確認する

主なオプション	説明
オプションなし	ホスト名を確認する
-a	ホストの別名（alias）があれば表示する
-d	DNSドメインの名前を表示する
-i	ホストのIPアドレスを表示する

例 hostname コマンドで、ホスト名を確認する。
$ hostname

● ホスト名とIPアドレスを対応付ける

/etc/hosts ファイルには、ホスト名とIPアドレスとの対応情報が記述される。小規模な閉じたネットワークであるなら、このファイルを作成してネットワーク上のすべてのホストに配布することで、ネットワーク内の名前解決を実現できる。

ただし、変更があった場合は、すべてのホストの/etc/hostsファイルを書き換えなければならないため、ネットワークの規模が大きくなると運用は難しくなる。

次の例では、「192.168.20.4」のIPアドレスと「centos8かcentos8.example.com」というホスト名との対応付けを行っている。

■ IPアドレスとホスト名の対応

```
127.0.0.1 localhost localhost.localdomain
192.168.20.4 centos8 centos8.example.com
```

● パケットを送って、反応を表示する

pingコマンドは、指定されたホスト（ホスト名もしくはIPアドレス）にICMPパケットを送り、その反応を表示する。「TTL」はICMPパケットの最大生存期間（通過するルータ数）、「time」はレスポンス時間を表している。

■ pingコマンド

書式	説明
ping [接続先ホスト] または [IPアドレス]	ホストの動作状況を確認する

pingコマンドで、8.8.8.8 (Googleが運営しているDNSサーバー) を実行し、動作が行われているか確認する ([Ctrl] + [C] で「ping」コマンドを終了すると、「^C」と表記される)。

$ ping 8.8.8.8

例

```
[mako@linux00 ~]$ ping 8.8.8.8
PING 8.8.8.8 (8.8.8.8) 56(84) bytes of data.
64 バイト応答 送信元 8.8.8.8: icmp_seq=1 ttl=56 時間=2.52ミリ秒
64 バイト応答 送信元 8.8.8.8: icmp_seq=2 ttl=56 時間=2.45ミリ秒
64 バイト応答 送信元 8.8.8.8: icmp_seq=3 ttl=56 時間=2.34ミリ秒
64 バイト応答 送信元 8.8.8.8: icmp_seq=4 ttl=56 時間=2.53ミリ秒
64 バイト応答 送信元 8.8.8.8: icmp_seq=5 ttl=56 時間=2.40ミリ秒
^C
--- 8.8.8.8 ping 統計 ---
送信パケット数 5, 受信パケット数 5, 0% packet loss, time 4006ms
rtt min/avg/max/mdev = 2.336/2.447/2.525/0.072 ms
[mako@linux00 ~]$
[mako@linux00 ~]$
```

● 名前解決に関する情報を表示する

DNSサーバーを使って、名前解決に関する情報を表示するのが**host**コマンドである。ホスト名 (ドメイン名) からIPアドレスを調べたり、IPアドレスからホスト名 (ドメイン名) を調べる際に使用する。

■ hostコマンド

書式	説明
host [ホスト名] または [IPアドレス]	ホスト名 (ドメイン名) からIPアドレスを調べたり、IPアドレスからホスト名 (ドメイン名) を調べる

hostコマンドで、IPアドレスを調べる (yahoo.co.jpに対応するIPアドレス
を調べる)。

$ host yahoo.co.jp

```
[mako@linux00 ~]$ host yahoo.co.jp
yahoo.co.jp has address 182.22.16.251
yahoo.co.jp has address 182.22.25.252
yahoo.co.jp has address 182.22.25.124
yahoo.co.jp has address 183.79.250.251
yahoo.co.jp has address 182.22.28.252
yahoo.co.jp has address 183.79.219.252
yahoo.co.jp mail is handled by 10 mx2.mail.yahoo.co.jp.
yahoo.co.jp mail is handled by 10 mx3.mail.yahoo.co.jp.
yahoo.co.jp mail is handled by 10 mx5.mail.yahoo.co.jp.
yahoo.co.jp mail is handled by 10 mx1.mail.yahoo.co.jp.
[mako@linux00 ~]$
```

● 暗号化された安全な通信を実行する

　sshコマンドを利用することで、SSH (Secure Shell) というリモート接続を安
全に行えるプロトコルが適応され、暗号化された安全な通信が行える。

■ sshコマンド

書式	説明
ssh [ユーザー名@] [接続先ホスト] または [IPアドレス]	sshでリモート接続する

sshコマンドで、接続する場合の例(各サーバーへの初回接続時は、フィンガー
プリントの確認画面が表示されるが、2回目以降はパスワード入力のみでSSH
接続を行うことができる)。

$ ssh toyotomi@127.0.0.1

```
[mako@linux00 ~]$ ssh toyotomi@127.0.0.1
The authenticity of host '127.0.0.1 (127.0.0.1)' can't be established.
ECDSA key fingerprint is SHA256:PqkhViolJqWzHFsN7qgTzFH3d6bWr3JPPwuUNH8ZIzY.
Are you sure you want to continue connecting (yes/no)? yes
Warning: Permanently added '127.0.0.1' (ECDSA) to the list of known hosts.
Password:
Last login: Sat Jul 23 10:03:27 2022 from 127.0.0.1
toyotomi@linux00:~>
```

練習問題

「Ping-t 最強WEB問題集 Linux Essentials（Ver1.6）」より出題！

1 以下のIPアドレスのうち、プライベートIPアドレスはどれか。三つ選べ。（問題ID：2895）

    (a) 10.20.20.20

    (b) 15.44.21.33

    (c) 172.30.1.1

    (d) 192.168.30.202

    (e) 200.200.1.1

2 ルーティングテーブルを表示するコマンドはどれか。（問題ID：2909）

    (a) ss

    (b) ip route show

    (c) show route

    (d) ip addr show

    (e) routing

3 サーバー Aが、起動してネットワークが使える状態にあるかどうかを確認したい。適切なコマンドはどれか。（問題ID：2662）

    (a) ss

    (b) host

    (c) nslookup

    (d) ping

    (e) ip addr show

1 (a) (c) (d)　　**2** (b)　　**3** (d)

正解

索　引

用語索引

▌記号

▌英字

著者プロフィール

株式会社ティエスイー

株式会社ティエスイーは、皆さんの生活やビジネスのニーズに合わせて、ITを駆使して生活環境を豊かにしたり、様々な社会問題を解決するお手伝いをしています。そして、これらを実現するために、社会情勢やビジネスシーンを理解し、サービス・商品化する技術力を持つ人材を輩出することを使命とし、「人を創り、ITを享受いただく会社」として社会に貢献する活動をしています。

▼株式会社ティエスイー コーポレートサイト

https://www.kktse.co.jp/

かいどう まさひろ
海堂 正裕

株式会社ティエスイー 代表取締役社長。1972年、神奈川県生まれ。母一人子一人の家庭で育つ。大学卒業後、司法浪人を経て鳶職、トラックドライバーとなる。そして建設業界から異例のシステムエンジニアに転身。猛勉強の末、システムのコンサルティングから設計・開発/構築・導入・運用のすべての業務を行えるようになる。公共系案件では大規模プロジェクトのマネージャを多数務めるまでに成長する。そしてIT企業の経営をしながら、後輩エンジニアの育成にも力を注ぐ。社会・環境問題などをITの技術を使って解決し、人々の生活を豊かにしようと日々活動する。

ひらい たつや   うえむら よしひさ   きとう
平井 達也 / 上村 斎文 / 鬼頭 ろか

株式会社ティエスイーに所属するシステムエンジニア。金融業界・医療業界を中心にシステムの設計や開発、コンサルティングなどを行っている。

監修者プロフィール

リナックス プロフェッショナル インスティテュート
Linux Professional Institute（LPI）

Linux Professional Institute (LPI) は1999年10月25日にカナダで設立された非営利団体で、Linux、BSD、オープンソースソフトウェアをベースとした技術の認定を目的としています。300,000人以上の認定者を擁し、世界初かつ最大のベンダーニュートラルなLinuxおよびオープンソースの認定機関です。LPIは180カ国以上の国で専門家を認定しており、複数の言語で多様な試験を実施しており、何百ものトレーニングパートナーを擁しています。

▼LPI 日本語Webサイト

https://www.lpi.org/ja/

●カバーデザイン / 本文イラスト 成田 英夫（1839DESIGN）

LPI Linuxエッセンシャル試験対応
しっかりわかるLinux入門

発行日	2023年 5月 5日	第1版第1刷

著　者　株式会社ティエスイー／海堂 正裕／
　　　　平井 達也／上村 斎文／鬼頭 ろか
監修者　Linux Professional Institute（LPI）

発行者　斉藤　和邦
発行所　株式会社　秀和システム
　　　　〒135-0016
　　　　東京都江東区東陽2-4-2　新宮ビル2F
　　　　Tel 03-6264-3105（販売）Fax 03-6264-3094
印刷所　三松堂印刷株式会社　　　　Printed in Japan

ISBN978-4-7980-6451-2 C3055